芋头

高质高效生产问答

◎王　立　殷剑美　张培通　主编

中国农业科学技术出版社

图书在版编目（CIP）数据

芋头高质高效生产问答 / 王立，殷剑美，张培通主编. —北京：中国农业科学技术出版社，2021. 2（2024. 8重印）

ISBN 978-7-5116-5198-3

Ⅰ. ①芋… Ⅱ. ①王… ②殷… ③张… Ⅲ. ①芋–蔬菜园艺–问题解答 Ⅳ. ①S632.3-44

中国版本图书馆 CIP 数据核字（2021）第 031247 号

责任编辑 王惟萍
责任校对 贾海霞
责任印制 姜义伟　王思文

出 版 者 中国农业科学技术出版社
北京市中关村南大街12号　　邮编：100081
电　　话 （010）82106643（编辑室）（010）82109702（发行部）
（010）82109709（读者服务部）
传　　真 （010）82106643
网　　址 http: // www.castp.cn
经 销 者 各地新华书店
印 刷 者 北京捷迅佳彩印刷有限公司
开　　本 850mm × 1 168mm　1/32
印　　张 4.875
字　　数 110千字
版　　次 2021年2月第1版　　2024年8月第3次印刷
定　　价 29.80元

《芋头高质高效生产问答》

编辑委员会

前　言

中国是芋头的起源地之一，种植历史超过2 000年。作为重要的粮菜兼用型作物，芋头深受百姓欢迎。随着人们生活水平的提高和对健康生活的追求，芋头的消费量日益提升，其栽培面积也在逐年扩大。但是芋头的生产仍以传统人工种植为主，费时费事费工、劳动强度大、机械化水平低、病虫害防治难、采后保鲜困难等问题十分突出，无法满足芋头规模化、标准化生产的需求。因此，生产者十分渴望掌握芋头优质高效绿色生产管理方面的新知识、新技术、新成果，以增强芋头生产管理技术水平，提高芋头生产的经济效益、社会效益和生态效益。

为了顺应目前的生产形势和科技兴农的需要，笔者收集和整理了关于芋头新品种、新技术、新成果等方面的生产实践资料，编写了《芋头高质高效生产问答》一书，供广大芋头种植者、农村基层人员和农业院校师生参考应用。本书内容涵盖了芋头的基本知识、芋头优质绿色高效生产技术、芋头脱毒快繁技术、病虫草害综合防治技术、关键环节机械化生产技术、大棚高效生产技术及采后处理与加工技术等。本书内容翔实、可靠，突出了新技术、新成果的实用性和可操作性。

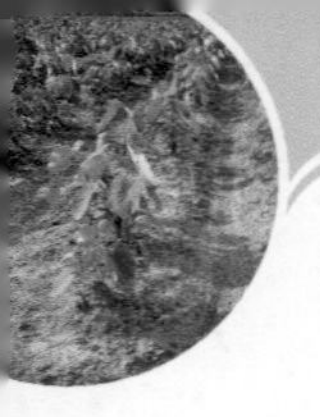

本书编写时力求将理论知识与生产实际相结合，将技术创新与普及推广相结合。笔者参阅了诸多芋头专家的观点和数据，采用了许多基层从事芋头生产及科研人员的技术资料，在此一并表示衷心感谢。由于编者水平有限，时间仓促，书中不当之处，敬请广大读者批评指正。

编　者

2020年9月

目　录

第一章　芋头概述

1. 芋头的起源是哪里?

芋，也叫芋艿、芋头、毛芋等，在中国古代亦称芋魁、蹲鸱等，学名*Colocasia estulenta*（L.）Schott.，是天南星科（Araceae）芋属（*Colocasia* Schott.）多年生单子叶草本湿生植物。芋头是世界上最古老的作物之一，起源于中国、印度及马来半岛等热带沼泽地区。中国栽培芋头的历史相当悠久，最早可追溯到公元前4世纪的战国时期。在《管子·轻重甲篇》等古籍中曾有记载。

2. 芋头有哪些种类?

目前主要有3种分类方法：一是按照起源时的生态类型分类；二是根据芋的分蘖习性、染色体数目和地理分布分类；三是按食用的部位分类。

（1）按生态类型分类。分为水芋和旱芋两大类。水芋适应于水中生长，一般在水田、低洼地或水沟进行栽培，大多属于多子芋，品质较好。旱芋类中有许多品种是由水芋进化而来，并逐渐成为现在的主栽类型品种。旱芋虽然可以生

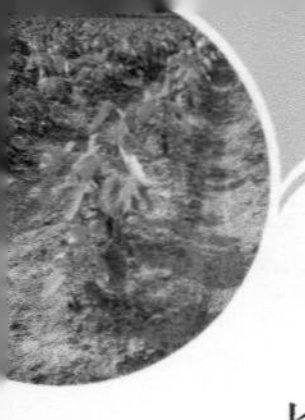

长于旱地，但仍需一定的水分，种植于潮湿地带有利于旱芋生长发育（图1-1）。

图1-1　芋的生态类型（左为水芋、右为旱芋）

（2）按球茎分蘖习性分类（图1-2）。

魁芋类：母芋大，椭圆形，单个重量可达2～3kg，占单株总重量的2/3；子芋少，长圆形或与母芋的连接具细长柄，一般单株子芋7～10个，孙芋极少，子芋约占总重量的1/3。代表品种：江苏兴化龙香芋、浙江奉化芋头、广西荔浦芋头、建水大芋头、槟榔芋等。

多子芋类：当种芋的营养被消耗后，形成新的母芋，在新母芋上可分化形成较多子芋，子芋继续分化形成孙芋和曾孙芋等，具有分蘖习性强、产量高等特点。代表品种：江苏泰州地区靖江香沙芋、江苏常州地区建昌红香芋、江苏南通地区海门香沙芋等。

多头芋类：母芋和子芋紧密相连，呈块状，很难区分开；新芽伸出地面，叶柄纤细。代表品种：云南曲靖等地的狗爪芋、九头芋等。

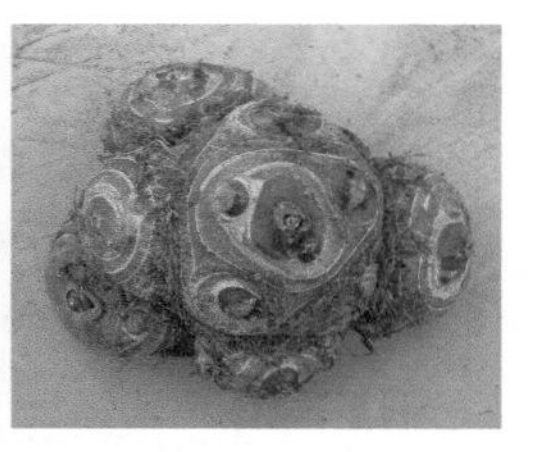

图1-2　芋的球茎分蘖类型（从左至右为：魁芋、多子芋、多头芋）

（3）按食用部位分类（图1-3）。

花茎用芋类：块茎似多子芋类，但子芋数量较少，个体小；叶柄细长，红色或绿色，叶片较小，近三角形；易抽生花茎开花，佛焰苞黄色，花茎红色或浅绿色。代表品种：云南省中部和南部广泛种植的开花芋或红芋。

叶柄用芋类：母芋发达，子芋少，似魁芋类，但母芋呈圆形或团状，叶柄绿色或紫色。代表品种：广东红柄水芋、四川武隆叶芋、文山紫芋、祁阳叶用芋、日本叶用芋等。

匍匐茎用芋：叶柄用芋类的变种，块茎不发达，无子芋；走茎多且发达，可分蘖形成新的芋株，如元江县河谷地区傣族种植的弯根芋。

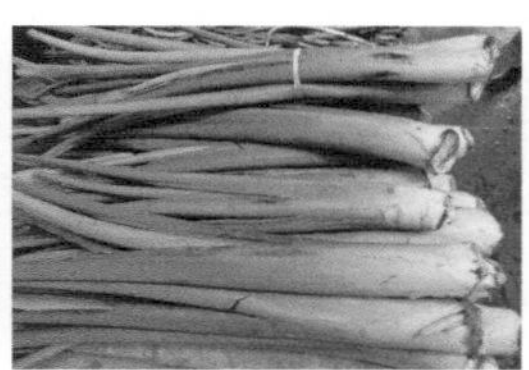

图1-3　芋的食用类型

（从左至右为：花茎用芋、叶柄用芋、匍匐茎用芋）

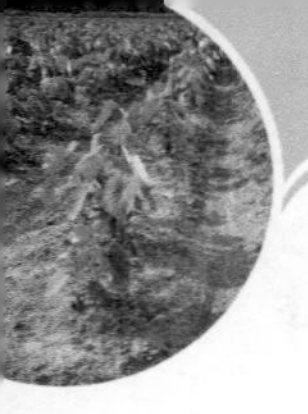

3. 芋头跟魔芋、海芋怎么区分?

芋头和魔芋、海芋是3种完全不同的植物，虽然都有一个“芋”字，而且外观很相似，但是如果不加以区分，后果十分严重。

魔芋*Amorphophallus rivieri* Durieu，学名蒟蒻，又叫磨芋，天南星科磨芋属，主要产区分布在云、贵、川、陕等地。魔芋地下块茎为扁球形，个头大，不能直接食用，需要加工后才能食用，一般磨成粉后制作成食物或工业原料。

海芋*Alocasia macrorrhiza*（L.）*Schott*，是天南星科海芋属植物，也叫滴水观音、佛手莲等，在台湾地区称之为姑婆芋，原产南美洲，为热带和亚热带常见观赏植物。在空气温暖潮湿、土壤水分充足的条件下，便会从叶尖端或叶边缘向下滴水，而且开的花像观音，因此称之为滴水观音（图1-4）。

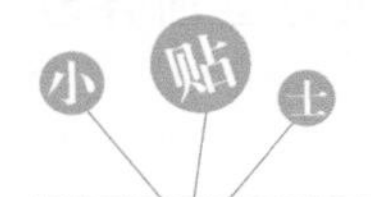

需要注意的是，海芋是多年生常绿草本植物，全株有毒，地下块茎为细长柱状，球茎和叶一般可药用，直接食用口感涩麻，要注意避免误食。

图1–4 魔芋（上）与海芋（下）

4. 中国芋头的种植历史有多长?

中国栽培芋头的历史悠久，战国时在《管子·轻重甲篇》中就有了芋头的记载，至公元6世纪《齐民要术·种芋第十六》对芋头的栽培技术已有详细记载。清末的《农业合编》包括了西汉、东汉、后魏、唐、宋、元、明、清等各朝代1 900多年间的有代表性的古籍农书（包括古籍中所引用之书）至少30部以上，记录了我国古代种芋技术在民间应用、演进和发展历程。描写芋头的诗句也有很多，最著名的诗篇有唐代大诗人杜甫在《南邻》诗中描写的“锦里先生乌角巾，园收芋栗未全贫”，以及南宋诗人范成大的《冬日田园杂兴》中的“莫嗔老妇无盘饤，笑指灰中芋栗香”，诗中所说的芋栗香，就是说芋头有类似板栗的独特香味。

5. 中国有哪些地方种植芋头?

我国以珠江流域及台湾地区栽培最多，长江及淮河流域次之，华北栽培面积较小，东北、西北高原基本没有栽培。根据自然地理环境及栽培特点，我国芋头栽培主要分布于以下区域。

（1）华中地区。包括河南、湖北、湖南等省份。4—5月播种，9月下旬至10月底采收。

（2）华东地区。包括江西、浙江、安徽、江苏、山东、福建、台湾等省份。3—5月播种。9月初自南向北开始采收。安徽和江苏的淮河以北地区以及山东，因冬季气温较低，无法原地保存，需在霜降前采收完毕。

（3）西南和华南地区。包括四川、重庆、云南、贵州、广西、广东、海南等省份。这些地方雨量充足，气温较高，一般3—5月播种，最早可在9月上市，采收期可延长至翌年2月。

6. 江苏省芋头有多大种植规模?

江苏省是我国芋头主产区之一，主要分布在沿江地区的南通市、泰州市、常州市、苏州市、无锡市、镇江市和扬州市等地，这些地区种植的品种以乌绿柄优质多子芋为主，也有少量绿柄和紫柄多子芋品种以及魁芋品种；在淮安市、盐城市、连云港市等苏北地区也有零星种植，种植的主要是耐旱、耐低温的绿柄多子芋品种。江苏省沿江地区独特的自然条件、农耕习俗，悠久的种植历史和消费习惯，使芋头成为当地传统地方特色农产品，该地区是江苏省芋头的主要产地。江苏省常年芋头种植面积20万亩（1亩≈667m^2，15亩=1hm^2，全书同）左右，种植方式是以农户零星自发种植为主，各地针对当地芋头特色品种产业发展需要，也发展了一批连片专业化规模种植基地。

7. 江苏省有哪些著名芋头品种?

（1）建昌红香芋。建昌红香芋种植历史悠久，尤其是建昌镇种植的芋头（因其芽顶微露红皮，口味香甜，故而称为红香芋）品质最佳（图1-5）。建昌红香芋富含钙、铁、粗蛋白、全磷、淀粉、粗纤维等10多种可以被人体直接吸收的营养元素，同时含有天门冬氨酸、苏氨酸等18种人体必需氨基酸，深受消费者青睐。目前，建昌红香芋已获得国家地理标志证明商标和农产品地理标志产品（编号：AGI00607）。

图1-5 建昌红香芋

（2）靖江香沙芋。靖江香沙芋在当地的种植历史已有900年以上，是靖江市著名地方土特农产品（图1-6）。靖江市常年种植面积2万亩左右，具有“干香、粉糯、爽滑”的独特口感，香味独特，营养丰富，粮菜兼用，深受广大消费者青睐。靖江香沙芋已获得国家地理标志证明商标和农产品地理标志产品（编号：AGI00842）。

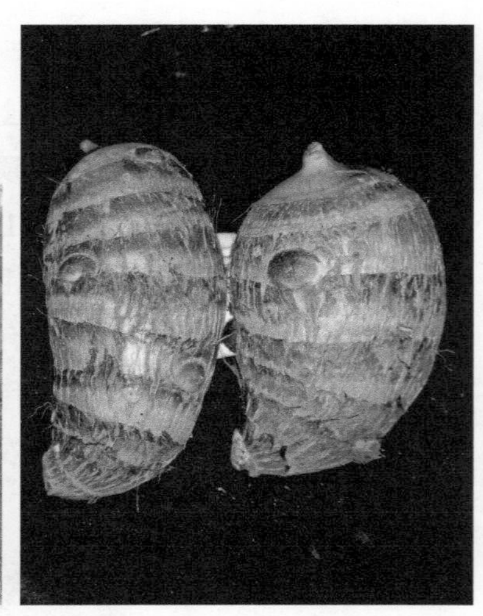

图1-6　靖江香沙芋

（3）海门香沙芋。海门香沙芋，也称海门万年香沙芋艿，是海门市的地方土特农产品，具有豆的清香，久煮不糊，入口清香味甘，具有独特的品质和地域特色（图1-7）。海门香沙芋艿已获得农产品地理标志产品（编号：AGI01912）。

图1-7 海门香沙芋

（4）泰兴香荷芋。泰兴香荷芋是泰兴市的地方特色优质芋头，香味独特、口感细腻，富含蛋白质、矿物质、维生素、皂角苷等多种成分，深受广大消费者喜爱（图1-8）。泰兴香荷芋已获得国家地理标志证明商标和农产品地理标志产品（编号：AGI01913）。

图1-8 泰兴香荷芋

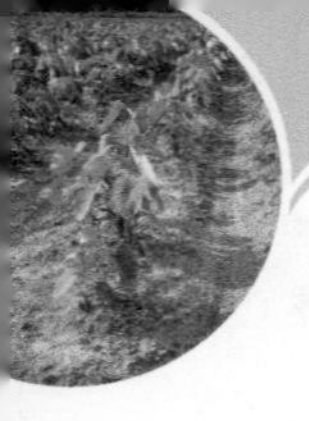

（5）兴化龙香芋。兴化龙香芋为泰州市兴化地方特色魁芋品种，是兴化市传统特色农产品（图1-9）。其口感细腻，香味独特，长期以来深受广大城乡居民的喜爱。兴化龙香芋已获得国家地理标志证明商标。

图1-9　兴化龙香芋

（6）如皋香堂芋。如皋香堂芋种植历史悠久，是如皋市地方传统特色农产品（图1-10）。因其在烹饪过程中香气四溢、满堂芬芳而被冠以“香堂”美誉。其香气怡人，口感细腻，质地软滑，酥而不烂，是粮、菜、饲兼用作物，深受广大消费者喜爱。如皋香堂芋已获得国家地理标志证明商标。

（7）新毛芋艿。新毛芋艿是苏州市太仓地区的特产、著名地方品种。尤其是原产于太仓新毛镇的芋头，以其香味纯、质地糯、品质优的特色，故而得名新毛芋艿，深受上海、浙江和江苏等国内市场的欢迎（图1-11）。新毛芋艿已获得国家地理标志证明商标。

图1-10 如皋香堂芋

图1-11 新毛芋艿

（8）海安雅周芋。海安雅周芋是南通市海安地区地方特色农产品，属于乌绿柄红芽芋，口感独特，香味浓郁，品质优良，是海安县及周边地区的传统特色农产品（图1-12）。

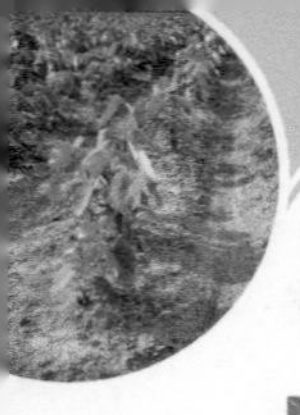

图1-12　海安雅周芋

（9）常熟香蕉芋。常熟香蕉芋是苏州市常熟一带具有特色的农产品（图1-13）。其口感细腻，香味独特，长期以来深受广大城乡居民的喜爱。

图1-13　常熟香蕉芋

（10）姜堰紫荷芋。姜堰紫荷芋是泰州市姜堰区的特产，其独特之处是肉质白色、易煮烂，煮熟后肉质细腻松滑，味甘可口，入口即化（图1-14）。

图1-14 姜堰紫荷芋

8. 芋头有什么营养价值?

芋头的食用部分为球茎，在全球蔬菜消费量中居第14位，被推为功能食品。球茎中含有大量的淀粉及多种微量元素，营养价值高。据测试分析（表1-1），芋头支链淀粉含量高，脂肪含量低，富含碳水化合物，以及B族维生素和维生素C、钙和铁等微量元素。另外，芋头含有丰富的氟，有抑制细胞异常增生和护齿作用。

表1-1 500g芋头球茎中含有的营养成分

淀粉含量（g）			蛋白质（g）	脂肪（g）	B族维生素（mg）	维生素C（g）	钙（mg）	铁（mg）
直链淀粉	支链淀粉	总含量						
12.6	77.4	90	17.3	0.4	0.31	21	0.75	3.9

9. 芋头的药用价值如何？

芋头不但营养丰富，而且具有重要的药用和食疗价值。唐代《新修本草》对芋头的医疗功用做了详细记载，“芋味甘、辛、平，治疗多种疾病”，这是目前考证到的最早对芋头医疗功用的记载。有的药书称芋头为“土芝”，有一验方名为芋艿丸，有消痰、软坚、生肌的功能，可治疗淋巴结核。

金有景于1989年所著的《抗癌食药本草》是我国第一部抗癌本草性专著，其中几处谈及芋的防癌抗癌作用，并收编列举了国内外用芋抗癌治病及民间经验效方25例。现代医学研究也表明：芋头中的聚糖体能增强人体的免疫机制，可降低胆固醇，防止血管硬化，对鼻咽癌、子宫颈癌、甲状腺癌等均具有一定的疗效。芋头含有一种黏液蛋白，被人体吸收后能产生免疫球蛋白，可提高机体的抵抗力。

10. 为什么说芋头全身都是宝？

芋头全身都是宝，随着时代的发展，芋头已从过去的救命粮、看家粮，逐渐演变为现代的保健品、营养品、食疗品。芋头在工业上具有许多独特的功能和重要的经济价值。如化妆品中的增白剂，过去的主要原料是钛白粉，其对皮肤有一定损害，近几年已逐步用淀粉来代替，因为芋头淀粉颗粒小而均匀，与皮肤黏着性好，增白度高，优于稻、麦、玉米等淀粉。正因为芋头淀粉颗粒细小，保水性能好，溶胀势大，因此也可用作药片赋形剂。在肉制品生产中添加一定量的芋头淀粉，可以起到黏合、填充、增强持水性等作用，使肉制品的品质明显改善和提高。芋头提取物可作为冰激凌悬浊液或其他胶状食品的乳化剂、增稠剂和润滑剂，还可用作陶瓷制作、农药、造纸、印染、化肥、印刷、录音带、胶卷拷贝、浆料、纺织、腊肠加工以及钻井液处理剂、工程现场临时凝固剂和多种成型剂等。

11. 芋头的消费市场有多大?

我国芋头价格低廉，在国际市场上具有较强的竞争力，年出口量20万t以上，且有逐年增加的趋势，出口前景广阔。出口产品主要有保鲜和速冻芋仔两种形式，主要出口日本、东南亚和欧美部分国家。目前我国芋头有稳定的集中产区，形成了专业化规模生产，只要不断进行品种改良和关键栽培技术研究，把握好产品质量，严格避免农药残留超标，不断提高产品整理和加工水平，低成本、高质量的产品在国际市场上就会有很强的市场竞争力，发展前景广阔，市场潜力大。

第二章　芋头生长发育规律

12. 芋头的生长发育规律是怎样的？

芋头的生长发育周期很长，球茎要经过越冬休眠，播种，从出苗进入营养生长期，最后形成新一代母芋、子芋。以靖江香沙芋为例，具体生长发育规律见表2-1。

表2-1　靖江香沙芋的生长发育规律

生育期	时间	叶龄（张）	主要发育特点
萌芽期	4月	0～1	播种后20d左右，种芋发芽、发根
幼苗期	5月	1～3	播种后40d左右，幼苗长出地面
发棵期	6月上旬	4～6	出苗后20d左右，地上部开始生长
分株萌芽期	6月中下旬	7～8	出苗后30d左右，分株芽开始发生
分株（蘖）发生期	7月上旬	9～10	出苗后50d左右，由分株芽长出分株（蘖）
母芋膨大始期	7月中旬至8月初	11～12	出苗后60d左右，母芋开始膨大

（续表）

生育期	时间	叶龄（张）	主要发育特点
子芋形成始期	7月下旬至8月上旬	12～13	出苗后60～70d，子芋开始形成
孙芋形成始期	8月中下旬	13～14	出苗后70d左右，孙芋开始形成
母芋充实期	8—9月	12～15	出苗后70～100d，母芋加速膨大，重量增加
子芋快速形成期	7月下旬至9月初	12～14	出苗后60～90d，子芋数量增加，产量增长
孙芋快速形成期	9月中下旬	15～16	出苗后120d左右，孙芋数量增加，产量增长
成熟收获期	10月上旬至霜降前	16	出苗后140d左右，母芋趋于成熟，子芋和孙芋产量增长

13. 芋头的生长发育期有哪些？

通过对植株地上部和地下部生长发育特点和季节的分析，可将芋头生育期划分为萌芽期、幼苗期、发棵期、结芋（膨大）期以及球茎休眠期等5个时期。

（1）萌芽期。一般休眠越冬的种芋，于清明节以后，外界温度上升到15℃左右时，其顶芽开始萌动，通常历时20d左右。种芋在土中吸水，长出不定芽，再经10d左右，顶芽萌发破土，此为萌芽期（图2-1）。萌芽期主要利用种芋本身储存的养分。

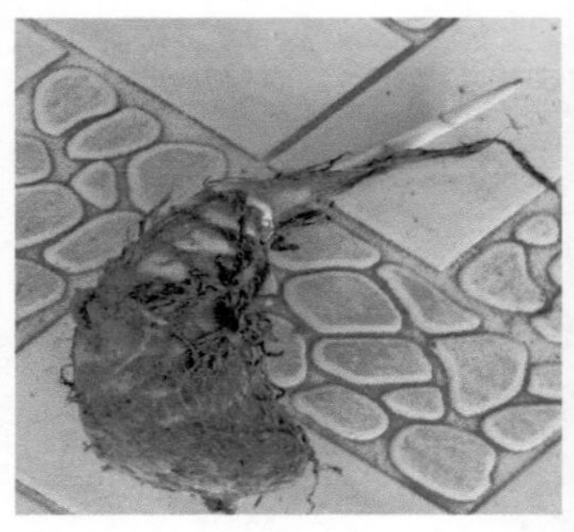

图2–1　种芋萌发

（2）幼苗期。从顶芽出土到具有4～5片真叶时为幼苗期（图2–2）。幼苗期植株生长较慢，吸收养分不多，前期主要依靠种芋本身储存的养分，以后逐渐从土壤中吸收和同化养分，历时35d左右。

图2–2　幼苗期的芋头

（3）发棵期。植株发棵放叶，生长迅速，基部短缩茎开始逐渐膨大，形成新的母芋，为发棵期（图2-3）。一般历时35～45d，因品种而有差异，为营养生长的主要阶段。要求肥水供应充足，防止高温干旱。

图2-3　发棵期的芋头

（4）结芋（膨大）期。从新母芋上的腋芽开始萌生子芋，到母芋和子芋充分膨大充实，为结芋（膨大）期（图2-4）。本期地上部仍然不断生长，地下部球茎不断膨大。到新叶不再抽生，老叶逐渐枯黄时，母芋和子芋已全部形成和充实。本阶段历时较长，一般为80～110d。要求水肥供应充足，以促进球茎膨大，膨大后期减少水肥供应，促进球茎老熟，防止徒长。

图2-4　结芋期的芋头

（5）球茎休眠期。气温降到15℃以下，植株地上部生长完全停止，并不断枯黄。经霜完全枯死，以球茎留存土中，在8～15℃和比较干燥的条件下进入休眠越冬（图2-5）。直到翌年春季，球茎萌动发芽。

图2-5　休眠期的芋头

14. 芋头萌芽期有什么特点?

种芋吸足水分，在适宜温度范围内顶芽基部先发根，后发芽；但是温度高时，顶芽先萌发后发根（图2-6）。提前播种，如果发芽前能发生较多根系，有利于培育壮苗，有利于植株生长发育，对防止后期早衰十分重要。

图2-6 萌芽期的根系

15. 芋头幼苗期有什么特点?

幼苗期气温和地温均较低，植株生长缓慢，地下部种芋逐渐缩小，储存的营养物质逐渐被消耗，种芋在发芽期形成的不定侧根由白色变成褐色后，开始枯烂。种芋顶部膨大形成母芋，母芋上逐步形成6～8个轮环，每个轮环上有一个腋芽，腋芽进一步发育形成子芋。本时期以叶片和根系生长为主，整体生长量不大，主要为后期发棵和结芋期做准备（图2-7）。

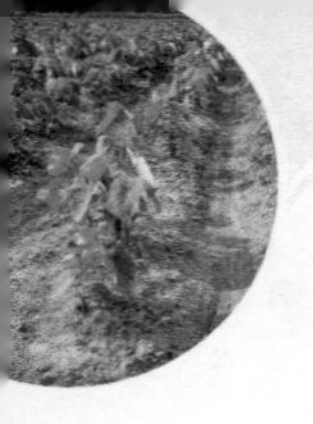

图2-7　幼苗期的根系

16. 芋头发棵期有什么特点?

第4片叶展平后进入旺盛生长期，叶片数迅速增加，叶面积急剧扩大，球茎重量与日俱增，是形成产品器官的主要时期（图2-8）。生产上应结合除草、追肥、培土、浇水等配套措施，为球茎膨大创造良好的土壤环境条件。这一时期，正是长江中下游地区的梅雨期，雨水较多，旱芋喜湿，但不耐涝，过涝对根系生长不利，因此应做好排涝工作。

图2-8　发棵后期的根系

17. 芋头结芋（膨大）期有什么特点?

结芋（膨大）期是产生新芋和球茎膨大的主要时期。生产上要注重延缓7～14片叶的衰老速度，同时应避免因叶面积过大，引起植株互相拥挤，叶柄生长过高，光合作用减弱，导致地上部和地下部生长不协调（图2-9）。特别是要注意控制氮肥施用，当氮肥施用过多时，地上部往往生长过旺，而地下部球茎生长受到抑制，导致产量下降。

图2-9　膨大期的叶片和边荷

18. 芋头的最适生长温度是多少?

多子芋品种比较适应高温多湿环境，不耐低温和霜冻。一般气温上升到13～15℃时球茎开始萌发，生长期气温要求20℃以上，生长最适温度一般为25～30℃。即使气温达到35℃，只要肥水供应合适，土壤温度保持在35℃以下，植株仍能正常发育。球茎形成时以20～26℃为宜，有利于球茎膨大和分蘖。

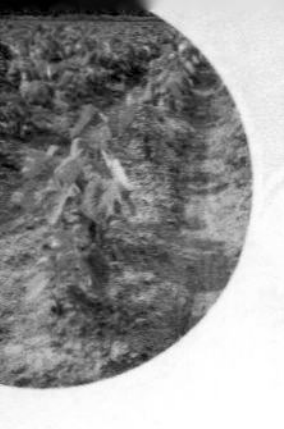

（1）萌芽期。最适发芽温度为13～15℃，一般环境温度在12～13℃就能正常发芽。长江下游地区一般在3月下旬至4月上旬播种定植，如果保护地栽培，可以根据栽培设施提前15～30d播种。

（2）幼苗期。全苗壮苗是芋头高产的基础。此时长江下游地区一般是4月下旬，生产管理上要做到勤松土，勤锄草，少浇水。当气温达到20～25℃时，最适宜植株生长。

（3）发棵期。适宜温度为25～35℃，此时长江下游地区一般为5—6月，这一时期自然温度足以满足芋头生长发育的需要。

（4）结芋（膨大）期。适宜温度为20～30℃，此时长江下游地区一般处于7—9月，这一时期是子孙芋萌生和不断膨大、充实的关键时期。

（5）球茎休眠期。气温降到15℃以下，地上部即停止生长。一般温度在8～12℃时球茎进入休眠期。

19. 芋头的生长如何进行水分管理?

芋头起源于沼泽地带，对土壤湿度要求非常严格，偏好湿润的自然环境，尤其在生长中后期需要湿润的土壤条件才能正常生长。

（1）萌芽期。芋头播种正是早春季节，水分不宜过多，可以用手紧握苗床土成球形，松手后土块可以自然散开，以此判断土壤最适水分。

（2）幼苗期。芋头出苗前要浇足底水：露地栽培时，待底水下渗3～5d，地面见干见湿时播种，再覆盖细土护苗；若用地膜覆盖，盖膜前应浇透水。

（3）发棵结芋期。这一时期芋头生长较快，是产量形成的关键时期，要保证供水充足。一般在行沟里灌水，建议铺设喷滴灌设施浇水。7—8月要保持土壤湿润，每隔5～7d补水1次，浇水时间在早上或傍晚后，以满足芋头生长所需水分，同时也是降低地温的较好方法（图2-10）。

图2-10 田间喷灌补水

（4）球茎休眠期。芋头收获前10～15d停止浇水，保持土壤干燥。窖藏或室内储藏的种芋要晾晒3～5d，保证表皮干燥。

20. 芋头生长对光照有什么要求?

芋头苗期较耐弱光，对光照强度要求不是很严格，在散

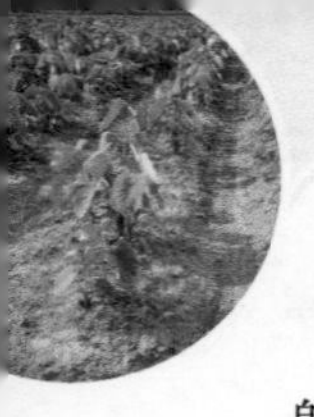

射光下也能生长良好。6—7月是芋头生长盛期，也是长江下游地区的梅雨季节，此时光照较弱，连续阴雨时间长，对芋头生长发育会有一定影响。

（1）光强。芋喜湿耐阴，光合作用的光饱和点为50 000lx左右。在实际栽培中，光照强弱必须与温度高低相互协调，才能有利于芋头生殖器官的形成。

（2）光质。光质对芋头生长发育也有一定影响。长波红光和黄光照射下生长的芋头叶片较小，叶柄细长，而在短波蓝紫光照射下生长的芋头叶片大而厚，叶柄短粗。

（3）光照时间。较长的光照时间有利于地上部生长，较短的光照时间能够促进球茎形成。农谚“小暑长叶，大暑长高，立秋处暑长芋”就是这个道理。

21. 芋头生长的最佳土质是什么？

芋头生长对土质要求不是很严格。种植时宜选择地势平坦，保水保肥能力强，排灌方便的地块，要求土层深厚，耕作层20～30cm。疏松肥沃、富含有机质的壤土或沙壤土为佳，生长的芋头表面光滑、产量高、商品性好。芋头对土壤酸碱度要求也不是很严格，pH值为4.0～9.0的土壤都能正常生长，不过最适宜的土壤pH值为5.5～7.0。

需要注意的是，芋头不耐连作，在同一地块多年种植芋头，病虫害会加重。主要是由于病原常潜伏在土壤中，病虫害在杂草、残株和土壤中越冬，伴随芋头连作在种间传播。此外，连作芋头的根系会分泌自毒产物，不但影响芋头自身生长，也会抑制土壤有益微生物的富集。

22. 芋头生长对肥料有什么需求?

芋头一般耐肥不耐瘠，对氮肥需求最多，其次是钾肥，磷肥需求较少。栽培芋头需求的N：P：K比例为1：0.4：1。在实际生产中，增施氮肥的增产效果明显大于增施钾肥。除了需要大量的氮、磷、钾外，芋头生长还需要钙、镁、硫、铁、硼等微量元素。尤其在长江以南土壤偏酸性的地区，速效钙、速效硼的含量普遍偏低，适当补充钙、硼等微量元素，可以加速植株体内有机物运输，增强叶片光合效率，提高有机质的积累。

第三章 芋头优质绿色高效生产技术

23. 现在芋头生产面临哪些问题?

传统的芋头种植技术是依托本地优质芋头地方农家品种以及传统的有机型栽培方法，形成的传统有机型生产技术。但是，长期自发零星种植带来了本地芋头的品种混杂和种性退化，长期露地种植也造成了病毒严重感染和积累，导致传统芋头品种口感变差和产量大幅度下降；种植环节多，播种、施肥、除草、培土、采挖等工作费事费工、劳动强度大，不适宜现代规模化种植的需要（图3-1）。

图3-1　芋头生产面临的主要问题（左为种传病害、右为劳动费工）

24. 针对这些问题有什么技术可以解决?

针对芋头种植环节存在费事费工、劳动强度大等限制规模经营和专业化生产方式应用的问题，江苏省农业科学院经济作物研究所开展了芋头优质绿色高效生产技术研究，集成了“芋头起垄覆黑膜轻简高效绿色生产技术体系”。本技术体系包括起垄播种、除草剂封闭、覆盖黑膜控草、少（免）壅土、科学施肥、病虫害绿色防控等技术措施，可以保水保湿、促苗早发、壮苗健苗、控草防病，促进芋头地下球茎发育、提前膨大，有效降低人工投入和生产成本，提高芋头产量和品质，适用于江苏沿江芋头主要产区的生产应用，主要有以下3个优势。

（1）覆盖黑地膜能够加快芋头出苗，苗齐苗壮，密度有保障。

（2）覆盖黑地膜促进了芋头营养生长和球茎膨大发育，芋头鲜干重的增长速度显著提高，子孙芋产量显著增加。

（3）覆盖黑地膜能有效提高芋头地下球茎膨大时期的土壤湿度、土壤疏松度，促进芋头膨大，提高产量；同时能有效控制杂草，一定程度控制边荷（分株）发生。

25. 芋头品种如何选择?

品种种性优良、无混杂是芋头优质高产的前提条件，但是一般农户很难从正规可靠渠道购买到标准或一致性好的芋头品种，传统留种主要是根据芋头的外形来进行选择的。因此在当地种芋扩繁过程中，需要在收获时提前将具有品种典型外观特征、无病斑的健康植株，或收获时将具有品种典型

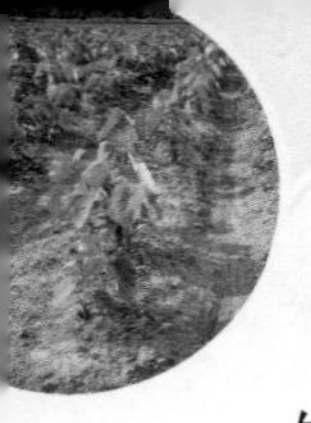

外形、无病斑的健康芋头球茎挑选出来，作为来年种芋，以保证本地特色芋头产业的产品特色。

江苏省农业科学院经济作物研究所及芋头主产区的江苏里下河地区农业科学研究所、江苏省农业科学院泰州农科所等单位，重视芋头新品种选育工作，育成了一批芋头新品种。现将几个通过江苏省鉴定的芋头新品种介绍如下。

（1）苏芋1号（鉴定编号：苏鉴芋201501）。由江苏省农业科学院经济作物研究所和靖江市绿禾蔬菜专业合作社以靖江香沙芋农家品种通过系统选育方法，于2013年育成（图3-2）。

叶片（盾形）

梗（深绿色）

地上植株

单株地下球茎

地下球茎

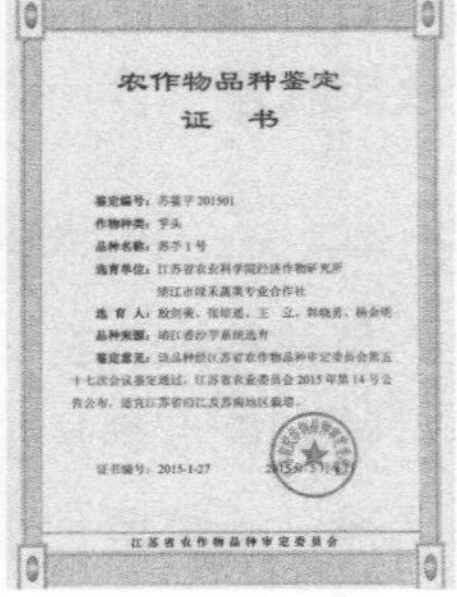

农作物品种鉴定

证 书

鉴定编号：苏鉴芋201501

作物种类：芋头

品种名称：苏芋1号

选育单位：江苏省农业科学院经济作物研究所

靖江市绿禾蔬菜专业合作社

选 育 人：[illegible]

品种来源：靖江香沙芋系统选育

鉴定意见：该品种经江苏省农作物品种审定委员会第五十七次会议鉴定通过，江苏省农业委员会2015年第14号公告公布，适宜江苏省沿江及苏南地区栽培。

证书编号：2015-1-27　　2015年5月[illegible]

江苏省农作物品种审定委员会

品种鉴定证书

图3-2　苏芋1号

（2）苏菜芋2号（鉴定编号：苏鉴芋201502）。由江苏省农业科学院经济作物研究所以福建永泰红芽芋地方农家品种通过系统选育方法，于2013年育成（图3-3）。

图3-3　苏菜芋2号

（3）苏芋2号（鉴定编号：苏鉴芋头201505）。由江苏省农业科学院经济作物研究所以靖江香沙芋农家品种通过系统选育方法，于2014年育成（图3-4）。

叶片（盾形偏尖）

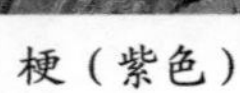

梗（紫色）

球茎（白芽）

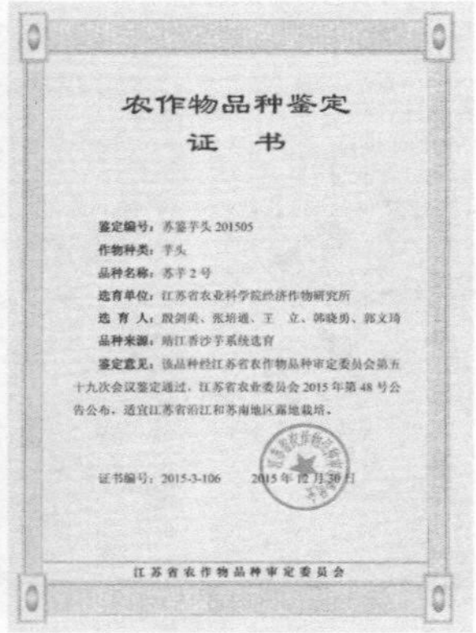

农作物品种鉴定
证　书

鉴定编号：苏鉴芋头201505
作物种类：芋头
品种名称：苏芋2号
选育单位：江苏省农业科学院经济作物研究所
选 育 人：殷剑美、张培通、王　立、韩晓勇、郭文琦
品种来源：靖江香沙芋系统选育
鉴定意见：该品种经江苏省农作物品种审定委员会第五十九次会议鉴定通过，江苏省农业委员会2015年第48号公告公布，适宜江苏省沿江和苏南地区露地栽培。

证书编号：2015-3-106　　2015年12月30日

江苏省农作物品种审定委员会

品种鉴定证书

图3-4　苏芋2号

（4）苏芋3号（鉴定编号：苏鉴芋头201506）。由江苏省农业科学院经济作物研究所以金坛红香芋地方农家品种通过系统选育方法，于2014年育成（图3-5）。

农作物品种鉴定

证 书

鉴定编号：苏鉴芋头201506

作物种类：芋头

品种名称：苏芋3号

选育单位：江苏省农业科学院经济作物研究所

选 育 人：殷剑美、张培通、王 立、韩晓勇、郭文琦

品种来源：金坛红香芋系统选育

鉴定意见：该品种经江苏省农作物品种审定委员会第五十九次会议鉴定通过，江苏省农业委员会2015年第48号公告公布，适宜江苏省沿江和苏南地区露地栽培。

证书编号：2015-3-407　　2015年　月30日

江苏省农作物品种审定委员会

叶片（盾形）　　梗（绿色）

球茎（红芽）　　品种鉴定证书

图3-5　苏芋3号

（5）苏芋4号（苏园会评字［2017］015-1）。由江苏省农业科学院经济作物研究所以泰兴香荷芋农家品种通过系统选育方法，于2017年育成（图3-6）。

叶片（盾形）　　梗（绿色）

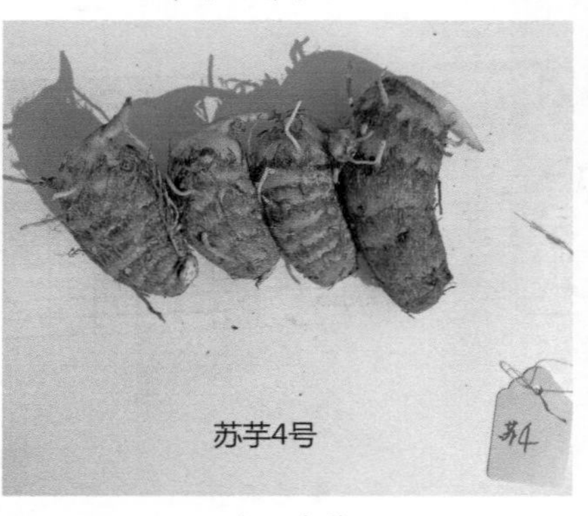

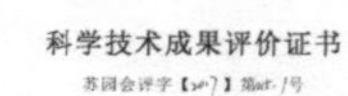
科学技术成果评价证书

苏园会评字【2017】第015-1号

成果名称：苏芋4号

完成单位：江苏省农业科学院经济作物研究所

评价形式：会议

组织评价单位：江苏省园艺学会（盖章）

评价日期：2017年11月8日

评价批准日期：2017年11月2日

地下球茎　　成果评价证书

图3-6　苏芋4号

（6）苏芋5号（苏园会评字［2017］015-2）。由江苏省农业科学院经济作物研究所以海门香沙芋农家品种通过系统选育方法，于2017年育成（图3-7）。

叶片（盾形）

梗（绿色）

地下球茎

科学技术成果评价证书

成果名称

完成单位

评价形式：会议

组织评价单位：江苏省园艺学会（盖章）

评价日期

评价批准日期

成果评价证书

图3-7 苏芋5号

（7）苏芋6号（苏园会评字［2017］015-3）。由江苏省农业科学院经济作物研究所以如皋乌骨芋农家品种通过系统选育方法，于2017年育成（图3-8）。

叶片（箭形）

梗（紫色）

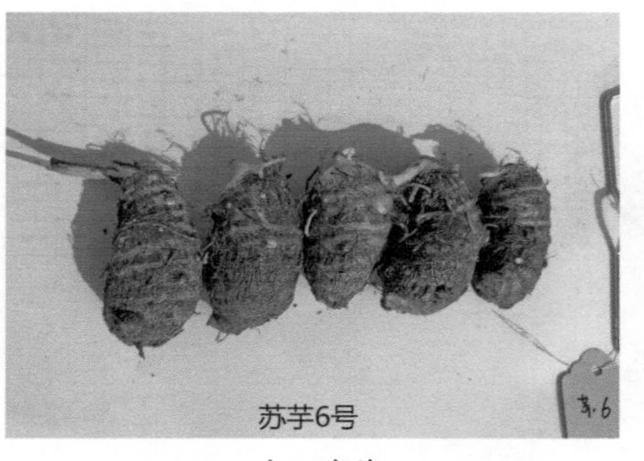

地下球茎

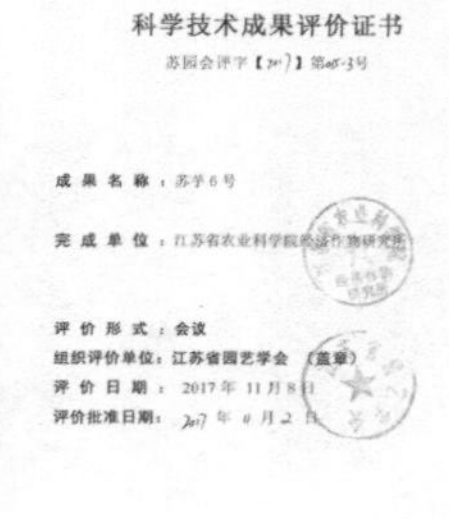

科学技术成果评价证书

苏园会评字【2017】第05-3号

成果名称：苏芋6号

完成单位：江苏省农业科学院蔬菜作物研究所

评价形式：会议

组织评价单位：江苏省园艺学会　（盖章）

评价日期：2017年11月8日

评价批准日期：2017年11月2日

成果评价证书

图3-8　苏芋6号

（8）扬芋1号（鉴定编号：苏鉴芋201503）。由江苏里下河地区农业科学研究所以张家港市芋头地方品种为选育亲本通过系统选育方法，于2012年育成（图3-9）。

图3-9　扬芋1号

（9）扬芋2号（鉴定编号：苏鉴芋201504）。由江苏里下河地区农业科学研究所用兴化市芋头地方品种为亲本材料，通过辐射诱变结合定向选择，于2012年育成（图3-10）。

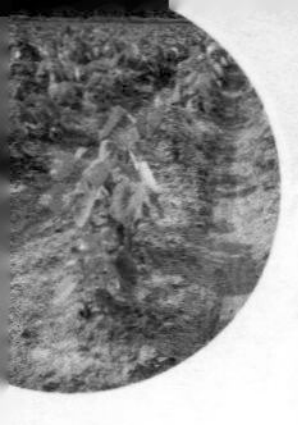

叶片（盾形）　　梗（绿色）

地下球茎

图3-10　扬芋2号

（10）泰芋1号（鉴定编号：苏鉴芋头201507）。由江苏省农业科学院泰州农科所和泰兴市农业科学研究所以泰兴香荷芋地方农家品种通过系统选育方法，于2014年育成（图3-11）。

植株

单株地下球茎

图3-11　泰芋1号

（11）泰芋2号（鉴定编号：苏鉴芋头201508）。由江苏省农业科学院泰州农科所和泰兴市农业科学研究所以兴化龙香芋地方农家品种通过系统选育方法，于2014年育成（图3-12）。

植株

单株地下球茎

图3-12　泰芋2号

26. 芋头栽培方式如何选择？

江苏沿江地区的芋头栽培方式很多，针对不同生产茬口和不同生产条件，可灵活选择更适合当时、当地条件的栽培方式。常见的栽培方式如下。

（1）平地栽培。这种栽培方式主要应用于南通地区（图3-13）。冬前深耕35～40cm，播前整地施足基肥，每亩施腐熟农家肥1 500kg以上，视土壤肥力另加45%硫酸钾复合肥50kg，整平耙细。按照60～80cm行距开浅沟，沟深15cm左右，沟底平放种芋，种芋间距30～33cm。种芋上覆土，覆土厚度8cm以上。播后全田均匀喷施96%精异丙甲草胺乳油1 200倍液或5%精喹禾灵乳油800倍液，沟底覆盖白色地膜，两侧堆土压实。待出苗后分2～3次培土做垄。

图3-13　平地栽培

（2）垄作栽培。这是苏南沿江大部分产区常用的栽培方式（图3-14）。冬前深翻冻融，播前整地施足基肥，耕后整平耙细。按照宽窄行起垄栽培，宽行行距80cm左右，窄行行距40cm左右，垄高15～20cm。开播种穴播种，穴深10～15cm，穴距30～33cm，每穴放1个种芋后覆土，芋芽朝上摆放，顶芽上盖土厚度10cm以上。播后垄面均匀喷施96%精异丙甲草胺乳油1 200倍液或5%精喹禾灵乳油800倍液，并在垄上覆盖黑色地膜，两侧堆土压实。播后要及时人工破膜放苗，防治高温烧苗。

图3-14　垄作栽培

（3）垄作打洞栽培。这是生长势最好的栽培方式（图3-15）。冬前深翻，播前整地施肥，按照宽窄行起垄。宽行行距80cm左右，窄行行距40cm左右，垄高15～20cm。

待墒情合适垄面均匀喷施96%精异丙甲草胺乳油1 200倍液或5%精喹禾灵乳油800倍液，并覆盖黑色地膜。播前用打钵器在垄面打洞，穴深约20cm，穴距30～33cm。将芋芽朝上放在打好的播种穴内，覆盖细土。此法省去了常规盖膜出苗后需人工破膜的过程，芋头出苗整齐、发棵旺盛，有利于芋头高产，但缺点是打洞过程用工稍多，播种成本较起垄播种增加25%左右。

图3–15　垄作打洞栽培

（4）设施栽培。这种栽培方式可以提早播种、提前收获，满足提早上市要求（图3–16）。采用小拱棚或塑料大棚栽培，能显著缩短芋头成熟期，促进芋头提前上市，获得较高经济效益。具体栽培方式详见第七章。

图3-16 设施栽培

27. 播种前田间需要做哪些准备？

一是选择土层深厚，土壤肥沃疏松，排灌方便，1年以上未种植芋头、马铃薯、山药等根茎类作物的田块。二是要尽量提早晒垡、熟化土壤，以提高土壤的通透性和疏松程度。三是冬前深耕晒垡，耕深30cm以上。四是在播前20d施肥作垄，每亩施充分腐熟农家肥1 500kg以上，视土壤肥力另加45%硫酸钾复合肥30～50kg，不可使用氯化钾等含氯离子复合肥（图3-17）。由于芋头是肉质须根，幼苗期施肥容易烧伤，因此必须施足底肥，同时疏通排灌沟系，挖好内外三沟。

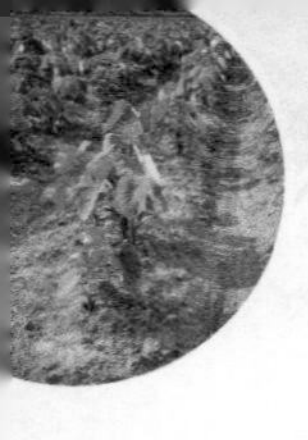

图3–17　整地做垄

28. 种芋如何处理?

芋头球茎存在休眠期。一般霜降前后采收，翌年春季自然条件适宜便可播种。如果采用大棚栽培，播种期在1月下旬至2月中旬。播种前需要将种芋晾晒2d以上，打破种芋休眠。

（1）母芋作种和母芋切块作种方法。采用母芋作种芋可节约种芋，且母芋的生长势比子芋要强。要注意选择单个重量100g以上，顶芽壮实、无病斑、无破损、大小基本一致的母芋作种。根据母芋大小，播种前切成2～4块，每块大小以25～50g为宜，每个切块至少要保留1～2个芽眼。切后用70%甲基硫菌灵可湿性粉剂（或50%多菌灵可湿性粉剂）500倍液加25%嘧菌酯悬浮液800倍液均匀喷雾，或浸泡10min左右进行消毒，晾晒1～2d，待切口物质凝固后播种。

（2）子芋和孙芋作种方法。选用无病斑、无破损、无冻害、球茎粗壮饱满、个体适中（30g左右）、顶芽充实的种芋作种。用70%甲基硫菌灵可湿性粉剂（或50%多菌灵可湿性粉剂）500倍液加25%嘧菌酯悬浮液800倍液均匀喷雾，或浸泡10min左右进行消毒，晾干表层水分后播种（图3-18）。

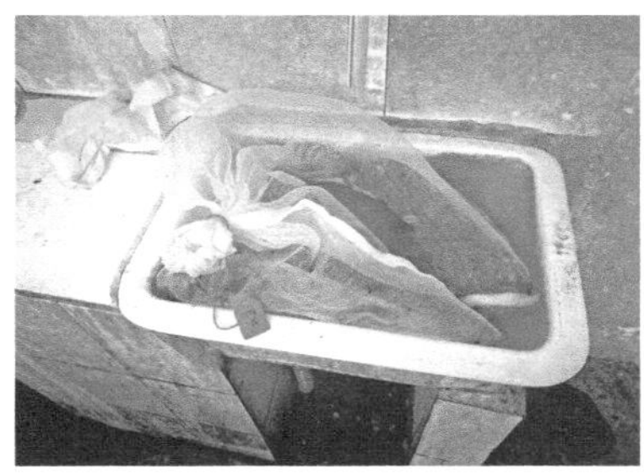

图3-18　种芋处理

29. 芋头如何播种?

要求播种后能正常生根发芽，出苗之后保证不受霜冻危害。在此前提下，播种越早越好。目前长江下游地区，露地不盖膜栽培芋头的播种适期一般在3月下旬至4月上中旬，播种后30～40d正常出苗；地膜覆盖栽培的适宜播期一般在3月中下旬；小拱棚育苗移栽+地膜覆盖栽培播种适期一般在2月下旬至3月上旬。

（1）合理密植。建议按照宽窄行栽培，宽行行距80cm左右，窄行行距40cm左右，穴距30～33cm，种植密度3 300～3 700株/亩。地力好的田块密度适当低些，地力差的

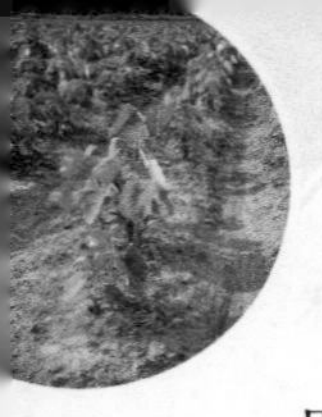

田块密度高些；沙性强的土壤密度可以提高，偏黏性土壤密度适当降低。

（2）播种深度。芋头宜深播（栽），播种深度10～15cm为宜，以利于球茎发育。小规模种植可以采用人工播种，10亩以上规模化生产建议使用机械播种，播种机械详见第六章。

30. 地膜如何选择？

目前市场上的地膜类型有很多种，如透明地膜、黑色地膜、银色地膜等，以及普通PE地膜、耐候地膜、全生物降解地膜等（图3-19）。芋头播种后需要保持适宜温湿度，以促苗早发，而且田间杂草较多，需要定期人工除草，因此，建议在芋头播种后覆盖合适的地膜，促进种苗发棵，减少除草用工。

透明地膜保温保湿效果好，但是控草效果很差，不建议使用，应该选择有色地膜；黑色地膜、银色地膜等，以及中间透明、两侧黑色的地膜，都具有较好的保温保湿和控草促苗效果。其中普通PE地膜成本低廉、供应充足，耐候地膜较PE地膜更加耐用，但是这两种地膜都需要人工回收地膜，建议使用0.01mm以上厚度规格的，便于回收。

全生物降解地膜是近年来大力推广的新产品，在芋头生长前期具有保温保湿、控草促苗效果，播种后90～120d开始自然裂解，此时正好进行芋头追肥壅根培土，减少地膜回收用工；播种后150d左右基本降解，不会造成环境污染。因此，从环保出发，推荐使用全生物降解地膜。

图3-19　3种地膜田间图
（从左至右为：透明地膜、黑色地膜、全生物降解地膜）

31. 芋头幼苗期壮苗标准如何判断?

苗全苗壮为高产优质的重要基础。幼苗期壮苗要求（图3-20）：叶片大小适中，逐渐增大；叶色深绿色、较厚实，有一定的凹陷度，无病虫为害斑点；地下部根系发达，根色白、粗壮，总根量40条以上。

图3-20　四叶期壮苗

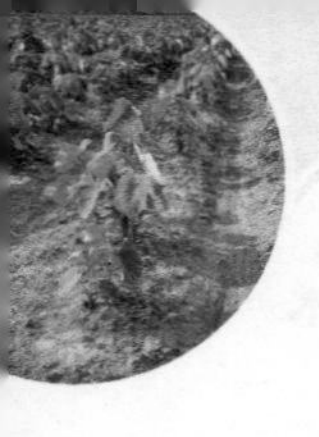

32. 芋头幼苗期如何施肥？

（1）幼苗期对肥料的需求。幼苗期需肥少，3叶期前的芋头生长发育主要依靠种芋自身养分，幼苗期只要保持土壤湿润就能满足芋苗生长发育需要，可以根据苗势强弱施1～2次苗肥。

（2）第1次追肥技术要点。芋头出苗后应早施苗肥，要特别注意轻施勤施，切不可1次施肥太多，更不能施用浓度较高的肥料，否则很容易烧伤根系，造成僵苗，甚至停止生长。一般芋头在展开1～2片真叶，株高15～20cm时追施，每亩约用氨基酸冲施肥3～5kg/亩。

（3）第2次追肥技术要点。当芋头地上部生长逐渐转旺时，可以进行第2次施肥，促进分蘖。一般距第1次追肥20d左右，芋苗有4～5片真叶，株高30cm左右时进行，仍以有机肥为主，一般用氨基酸冲施肥10kg/亩。

33. 芋头幼苗期如何浇水？

只要保持土壤湿润即可。若遇长期干旱少雨，可以进行1次窨灌或2～3次喷灌，切忌大水漫灌；遇雨涝要及时排除田间积水。

34. 芋头幼苗期要松土吗？

幼苗期适当松土，既能提高土温，又能保持土壤湿润。松土除草要掌握松土时不黏结，做到土松草尽。特别是套种的前茬作物离田后或灌水后，尤其是每当下雨后容易引起土壤板结，都要进行松土。

"五月不薅，六月不壅，等于不种"。中耕除草能疏松土壤，空气通透，提高土温，为植株生长创造良好的生长环境，促使芋苗早发；膨大期要及早壅土，否则不能形成一定高度的芋头垄，会影响子芋分化和膨大，不利多结芋、结大芋；壅土不深，子芋易露出地面，根系生长受到限制，从土壤中吸收的养分相对减少，经阳光照射，球茎发青变绿，抑制孙芋形成，影响产量和品质。

35. 芋头发棵期壮苗标准是什么?

芋头发棵期壮苗标准（图3-21）：地上部生长旺盛，植株整齐健壮；每株具有5片以上完整大叶，叶片厚，叶色深，7～8叶；株高50cm，茎粗3～4cm，无病虫为害；生长势强，根系吸收功能旺盛。

图3-21　8叶期壮苗

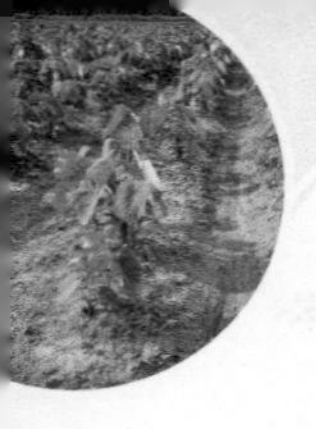

36. 芋头发棵肥如何施用?

发棵肥一般在芋苗5～6叶（6月上中旬）追施，施用量为45%硫酸钾复合肥15～20kg/亩，芋苗瘦弱的田块可以增施碳酸氢铵10kg/亩，挖洞穴施。芋苗瘦弱的多施，健壮苗少施或不施，施肥后及时进行浅培土。

37. 芋头发棵期如何浇水?

芋头发棵期适温为25～35℃，个别年份会遇到特殊的高温干旱天气。灌水是解决高温干旱的主要措施，以窨灌为主（图3-22），防止大水漫灌。灌后及时松土，提高土壤透性。

图3-22　窨灌浇水

38. 芋头发棵期需要中耕培土吗?

发棵期可以培1次土，一般在6月上中旬、株高30～

35cm，追施发棵肥时操作。发棵期培土不宜过厚，一般5～7cm为宜（图3-23）。培土应在土壤水分适中时进行，培土时会损伤部分根系，培土后可窨灌1次水，促使其正常生长发育。

采用垄作栽培、垄作打洞栽培或机械播种的，芋头播种深度15cm以上的，发棵期可以不培土。

图3-23 中耕培土

39. 芋头结芋期壮苗标准怎么判断?

结芋期壮苗标准（图3-24）：地上部生长旺盛，每株具有3～4片完整大叶，叶片厚，叶色深，叶龄12叶左右；植株生长整齐一致，假茎粗6～8cm，出现孙芋，不贪青，不早衰；无病虫为害。

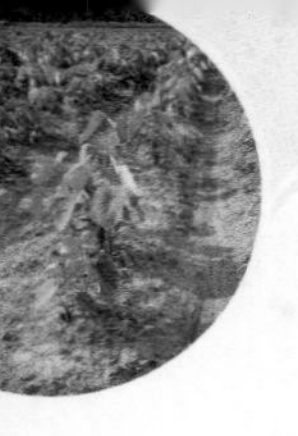

图3-24　芋头12叶期

40. 如何追施结芋（膨大）肥？

芋头栽培有“芋长三暑”之说，即“小暑长高、大暑长叶、处暑长芋”。一般在7月上中旬芋苗8～10叶时，结合壅根培土施肥。以菜籽饼或豆粕等有机肥为主，膨大肥用量为饼肥200kg/亩、45%硫酸钾复合肥20～30kg/亩，或有机复混肥40～50kg/亩。

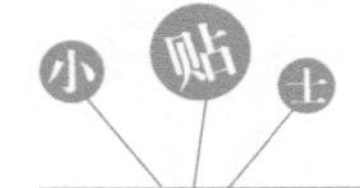

全有机肥的使用是芋头优质口感和独特风味形成的关键。然而有机肥施用量大，夏季高温炎热难以施肥下田，而且目前有机肥质量差异大，需要进行有效的处理，还需要根据芋头养分吸收规律，添加必要的营养元素等，才能满足优质芋头的种植需要。

江苏省农业科学院经济作物研究所根据沿江苏南地区多子芋需肥规律，开展了“芋头专用复混肥研发及基肥和膨大肥施用技术研究”，研制形成了芋头专用复混有机肥。基肥施用专用有机肥可以提高出苗率，与单一施用商品复合肥相比，出苗率提高10%～15%，出苗时间提早7～10d；膨大期施用专用有机肥后，产量增加16%以上。除有利于增产外，芋头专用复混有机肥还能提高商品芋的整齐度，增加芋头口感和风味（图3-25）。进一步研究表明，在芋头专用有机肥中增施有益菌肥和中微量元素，更有利于球茎膨大，可以进一步提高产量。

图3-25 施用复混肥与复合肥对比

41. 芋头结芋期浇水应注意什么？

结芋期是芋头植株生长的旺盛时期，此时正值高温季节，蒸腾量大，水分大量消耗，同时地下球茎迅速膨大。此

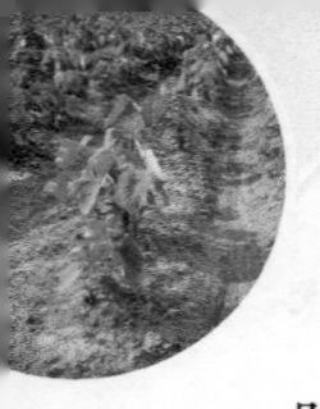

时芋头对水分需求量特别大，一般在6月下旬以后应视天气每隔5～7d灌溉窨水1次，以保持芋头生长有充足的水分。最好选择在上午7时之前和下午5时以后进行灌溉，灌水量应达到垄高的一半左右。7—8月高温季节尤其要注意，切不可在中午高温时灌水。

42. 边荷叶怎样去除？

边荷叶（子芋叶）是由子芋的顶芽萌发形成的分蘖叶，基部通风透光条件差，不利于子孙芋膨大，而且容易引发病害，所以要及时去除子芋叶，以提高芋头产量，改善芋头品质。

去除边荷叶一般采取压、踩、割的方法。压子芋叶是在子芋叶高3～4cm，且叶片末展开时，结合培土壅根把子芋叶压断埋入土中，压子芋叶主要掌握小而少，不会造成植株损伤。踩子芋叶是在芋头生长中期，待子芋叶有1～2片出现转绿时，于晴天中午用脚踩子芋叶，踩断叶柄。割子芋叶是在子芋叶片高大，有2～3片叶，田间生长较多时，结合培土割去子芋叶（图3-26）。割除时要采取平地收割的方法，割后培土；宜选择晴天中午，有利伤口愈合。

图3-26　割除边荷

43. 何时培土壅根？

结芋期培土壅根一般在8～10叶期（7月上中旬），结合追施结芋（膨大）肥进行，将泥土和肥料覆盖于植株茎部。培土要四周均匀，厚度一般为10～15cm。可采用人工或机械培土（图3-27），机械培土详见第六章。

图3-27 培土壅根（左为人工壅土、右为机械壅土）

44. 芋头成熟期应如何浇水？

9月中旬以后，气候转凉，芋头叶面水分蒸腾减少，可以减少灌水。遇到长期干旱少雨再灌溉，灌后即排。芋头留种的田块，一般在10月上旬以后停止浇水，保持土壤干燥，以利于种芋储藏营养物质。

45. 怎样防止后期早衰？

芋头生长中后期，需要大量肥水供应，应根据各种缺素症及时进行根外喷肥，防止早衰。施肥量为2%尿素+0.2%磷酸二氢钾稀释液50～60kg/亩。微量元素缺乏田块，应根据看苗诊断情况，对症进行根外喷施，以延长叶片功能期，促

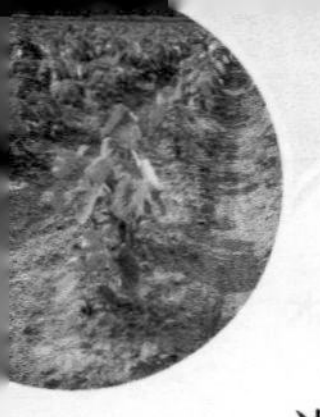

进球茎分蘖和膨大。一般在8月中下旬进行，宜在上午8时之前或下午5时之后叶面喷施。溶液要充分搅拌均匀，喷后遇雨要及时补喷。

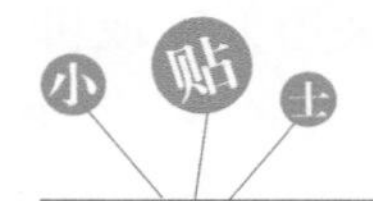

造成芋头早衰的原因包括土壤肥力不足、温度、土壤湿度过高或过低和肥料施用不当等。为防止早衰，应选择2～3年内没有种过芋头等根茎类作物且土壤肥沃疏松的田块；足施有机肥，增施磷、钾肥；前期勤松土，轻追肥，以提高地温，促使根系向土层深、广发展，提高吸水、吸肥能力；中期重施肥，间歇灌水防高温，为芋头创造良好的生长环境，保持根系强盛的吸收功能。另外，通过水溶肥叶面喷施也能较好地防止芋头后期早衰。

46. 芋头何时收获最佳?

芋头最佳收获期是在下霜之前叶片变黄衰败、球茎成熟时，或地上部植株独荷（剩半张绿叶左右）后10～15d收获，此期球茎淀粉及各种营养物质含量最高，风味鲜美、品质好、产量高。

根据市场行情也可提早或延迟采收。由于播种偏迟，露地芋头提早收获会对产量和品质有影响，但如果市场紧缺，可以提前采收以填补市场蔬菜空缺，增加收入；延迟收获的芋头产量和品质都比较好，但长江下游地区受霜冻影响，芋头容易发生冻害。因此芋头最迟要在初霜前收获。

47. 芋头选种与留种标准是什么?

留种田块在采收前应及早下田检查，以叶柄颜色为参考，挖除不符合品种特征的杂株，以及生长不良的劣株，保留纯正、无病健壮的植株。种芋收获一般在球茎充分成熟时（10月底至11月初当地初霜之前）采收。

48. 种芋采收后怎么处理?

种芋田采收前3～5d，沿叶柄基部割除地上部，待伤口干燥愈合后选择晴天采收。采收时注意不要将子芋摘下，要整盘收获，不要造成损伤（图3-28）。晾晒1～2d，将子、母芋分开，选取符合品种特征，顶芽健全，无病、虫、伤害斑，重量较大的子芋留种，淘汰顶部发白、没有充分成熟的子芋和顶部发青、露出地面的子芋，以及过小的子芋，摊晒1d左右表面干燥后，即可储藏。

图3-28 整盘收获

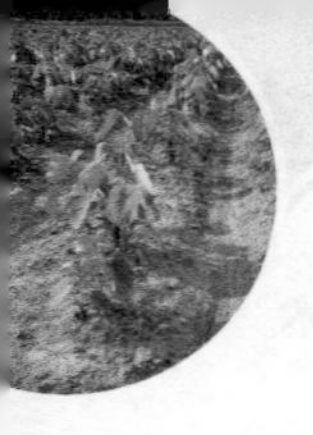

49. 种芋如何储藏?

在一般条件下，多子芋在窖内或室内储藏可以安全越冬（图3-29）。整盘保存的芋头耐冻能力比掰开后的强。为防止病菌感染引起烂种，可在留种芋头采收后，用25%多菌灵可湿性粉剂500倍液，均匀喷雾在球茎表面，以杀死附着于球茎外表的病菌，随即摊晒到表面干燥后入库保存。

种芋田也可在去杂劣株后，采用原地保存方法进行种芋保存，到翌年2月中旬采收，经选种、晾晒等处理后，作为种芋使用。

图3-29　采后室内储藏

50. 种芋一定要挖出来保存吗?

将成熟的芋头留在泥土中保存比收获后储存效果更好，产品新鲜度高，不易失水腐烂。由于土壤温度较低，抑制了淀粉酶活性，呼吸强度减弱，营养消耗少，芋头保鲜期得到延长。

种芋原地覆盖越冬保存方法（图3-30）：将田间芋荷割

除、田间清理干净后，在芋田表面覆盖厚度10cm左右的干草，再覆盖1层废旧薄膜或地膜，薄膜侧边压实，防止大风揭膜。最迟于翌年2月上中旬回暖前采收。

图3–30 芋头原地覆盖越冬保存

第四章 芋头脱毒快繁技术

51. 芋头病毒病发生严重吗？

芋花叶病毒（*Dasheen mosaic virus*，DsMV）是目前传播最广、为害较大的一类病毒，于20世纪60年代由Zettler等在美国佛罗里达州发现，确定为马铃薯Y病毒属（*Potyvirus*）家族的成员，是世界上天南星科植物的重要病毒病原。

芋花叶病毒可以在芋球茎内或野生寄主及其他栽培植物体内越冬。翌年春天，带毒球茎出芽后即出现病征，6～7叶期前叶部症状明显，进入高温期后症状隐蔽消失。长江以南5月中下旬至6月上中旬为发病高峰期。病毒病害表现为花叶明脉、叶缘卷曲、植株矮化、产量减少。感病叶沿叶脉会出现褪绿黄点，扩展后呈黄绿相间的花叶，严重的植株矮化。新叶除上述症状外，还常出现羽毛状黄绿色斑纹或叶片扭曲畸形。严重株有时维管束呈淡褐色，分蘖少，球茎退化变小（图4-1）。

图4-1　芋花叶病毒病叶片表现

芋花叶病毒可经种苗、种子、机械和昆虫等媒介传播，当地有翅蚜迁飞高峰期往往是芋病毒病扩展盛期，任何有利于蚜虫、蓟马等繁殖、活动的天气条件都有利于芋病毒病发生。芋病毒病一旦发生，很难通过药剂来控制，最好还是以预防为主。

52. 芋头病毒病如何防治？

由于缺乏直接杀死芋病毒的有效药剂，因此对于已经感染病毒的芋植株是无能为力的。结合芋病毒的传播途径，

可从减少病毒田间传播、进行脱毒组培和培育抗病毒品种等3个方面制订防治策略。

（1）减少病毒田间传播。目前大田生产使用较多的防治方法主要是减少病毒的田间传播。芋病毒田间传播载体以蚜虫和粉蚧为主，因此积极防治田间蚜虫和粉蚧的发生可有效阻断芋病毒的田间传播，达到良好的防治效果。此外，及时清理田间感染病毒的种芋和植株，使用防虫网进行隔离栽培都是阻止芋病毒田间传播的有效手段。

（2）进行提纯复壮和脱毒组织培养。芋病毒另一个主要传播途径为种传，也是造成芋头生产中损失最大的传播方式，因此培育无病毒种苗用于生产是获得良好经济效益的一个途径。可以用茎尖离体培养结合高温脱毒来生产芋脱毒种苗，脱毒种苗经组织培养快繁可获得大量种苗，在隔离条件下繁殖成一级、二级种芋，供农户种植，显著提高了芋产量和品质。目前，江苏省农业科学院经济作物研究所已经建立了“脱毒种芋三级扩繁体系”，利用茎尖培养、脱毒核心种芋扩繁、脱毒原种芋生产，建立了芋头定期脱毒生产技术体系，制定了“芋头多子芋栽培技术规程”和“芋头脱毒快繁技术规程”等两个江苏省地方标准。该技术经推广应用，芋头产量及品质得到明显提高。

（3）培育抗病毒品种。培育抗病毒品种是防治病毒病害的另一有效途径。只是利用传统的自然变异育种、辐射育种和杂交育种等方法对芋病毒病的防治效果不大，但转基因和基因编辑技术的发展使得分子设计育种成为可能。该技术目前已应用在番木瓜、西瓜、黄瓜等作物上，虽然培育抗病毒品种来防治芋病毒病的研究还未见报道，但必将是今后的发展方向之一。

53. 芋头脱毒种芋怎样培育?

芋头是营养体繁殖，繁殖系数低，在芋头引种、提纯复壮和育种时，由于种源量少，很难迅速形成较大规模种芋；而且芋头不能连茬，在同一地块多年种植也会导致产量下降、病害多发、种性退化，制约了芋头持续优质高产和稳产。因此需要不断更换种植地块，对于芋头规模化生产提出了挑战。利用芋头组培技术可以在短时间获得大批量种苗，形成较大规模的核心原始种群体，为种芋的商业化规模生产奠定基础。

（1）种芋收集。在芋头成熟季节，在当地芋头种植田块中筛选出具有典型特色的芋头作为芋种。芋种应选取无病健康充实度好的子芋。

（2）组培苗诱导。将收集的芋头种芋按单株取芽作为外植体（图4-2），在组培实验室内诱导愈伤组织，将每个单株所诱导的愈伤组织排列成组培苗株行（图4-3）。对诱导形成的组培苗进行病毒鉴定，淘汰带病毒植株，将同一株行形成的脱毒组培苗进行扩繁，形成脱毒组培苗株系，进一步诱导生根形成完整的脱毒组培苗（图4-4）。

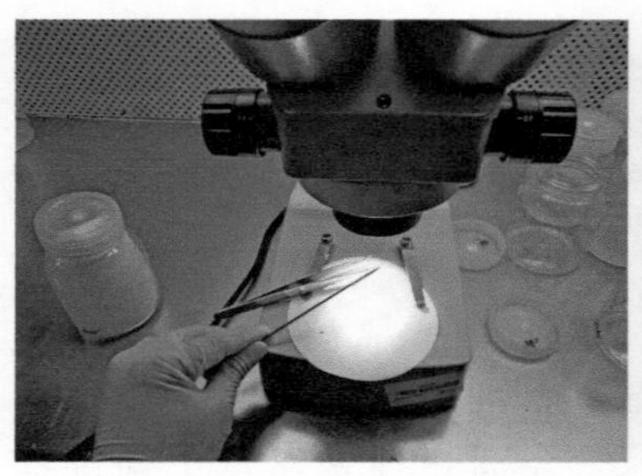

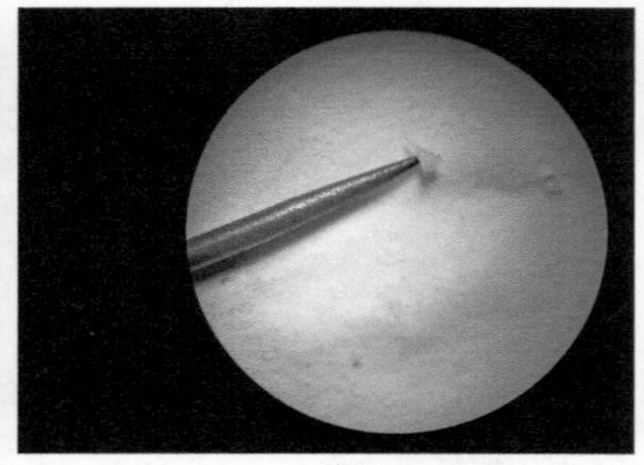

图4-2　外植体处理

图4-3　组培苗培养

图4-4　诱导生根

（3）脱毒组培苗株行培育。对组培苗进行病毒检测，除去带病毒组培苗后，将同一芋种的芽所形成的组培苗排列成株行，形成若干组培苗株行，按株行进行编号。

（4）脱毒组培苗株系扩繁。将脱毒组培苗按株行进行继代培养，形成若干脱毒组培苗株系（图4-5）。

（5）脱毒组培苗株系鉴定。将培育的脱毒组培苗按株系移栽到网棚内的核心种芋繁殖苗床。移栽成活后对每个当选株系进行观察筛选，剔除株系内变异植株。成熟期按株系收获种芋，并进行株系鉴定。

图4-5 组培苗株系

（6）脱毒核心种芋提纯复壮。将经过株系鉴定当选的脱毒组培苗种芋混合后，形成经脱毒处理的提纯复壮芋头地方品种核心种芋，为后续的脱毒种芋扩繁体系提供原始种芋（图4-6）。

图4-6 脱毒原种芋扩繁

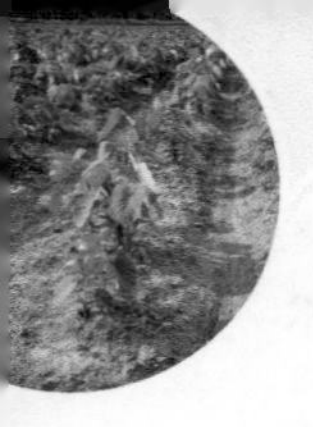

54. 脱毒芋推广应用现状与前景如何?

上海、江苏、山东、广东、广西、湖北等芋头产区的科研单位先后开展了茎尖脱毒培养技术的研究和示范，增产效果显著。组培苗当代收获种芋称第1代，第1代种下去所收获的种芋称第2代，以此类推。研究表明，荔浦脱毒芋的第1代（T1）、第2代（T2）及非脱毒普通芋苗（CK）的产量，其大小顺序为T2>T1>CK，且T2显著高于T1和CK。经测定，脱毒荔浦芋的第1代产量可以达到2 306.5kg/亩，第2代、第3代的产量分别约为3 315.7kg/亩和3 243.6kg/亩，分别比对照的非脱毒芋增产31.49%和28.6%。产量结果显示，第1代种芋的产量比未脱毒普通种芋低，只能作原种繁殖，而第2代种芋可进入生产用种芋示范应用。综合考虑，组培2代是种植产量最高的种芋，在大面积推广栽植的种源。若生产需要，也可以T2代种芋为种源，扩繁形成T3代、T4代种芋作为商品种芋。一般T5代以后就不能作为种芋使用。

与马铃薯、甘薯脱毒应用研究相比，芋头脱毒组培技术应用研究较少，但应用前景十分广阔，应积极完善脱毒快繁和简便病毒检测技术，加强中试及工厂化生产技术研究，建立起高效实用、低成本的脱毒芋良种繁育体系，同时一定要与当地优良主栽品种的推广相结合，解决优良品种的退化及病毒病为害问题。

第五章 芋头病虫草害综合防治技术

55. 芋头主要病害有哪些?

（1）芋疫病。又称芋瘟，一般在每年的梅雨季节和盛夏期间发生，主要侵害叶片、叶柄及球茎。发病初期在叶片上产生黄褐色的圆形小斑，随后扩大融合成不规则的大病斑，伴有同心轮纹，湿度大时病斑表面会产生白色霉状物，后期病斑从中央腐败成裂孔，严重时仅存叶脉呈破伞状；叶柄受害则产生大小不等的黑褐色不规则病斑，周围组织褪黄，病斑连片并绕叶柄扩展，严重时叶柄腐烂倒折，叶片全部枯萎；地下球茎受害，组织变褐腐烂（图5-1）。

芋疫病由真菌芋疫霉属病菌侵染引起，以分生孢子或菌丝体随病株残体在土壤中或附着在球茎上越冬。翌年条件适宜时借风雨传播，从气孔、皮孔、伤口或表皮侵入，引起发病，田间可多次再侵染。当气温在25～28℃、相对湿度80%以上，或连阴雨天气，病害易流行。一般重茬地、低洼地、灌水过多、植株长势弱或通风不良的田块发病比较重。

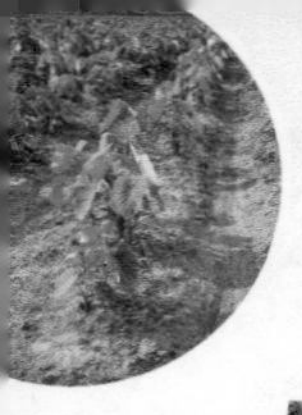

图5-1　芋头疫病的病叶和病叶柄

（2）芋腐败病。又称芋头软腐病、芋腐烂病，属于细菌性病害，主要为害芋头地上部分的叶片、叶柄，也侵害球茎，被为害的病叶变黄，稍卷缩，叶柄变为水渍状暗绿色，严重时软化腐败，叶柄倒伏。病部有黄褐色、胶黏、似水珠状的菌脓，腐烂部位往往有恶臭味（图5-2）。

图5-2　芋腐败病叶片

该病病原称为胡萝卜软腐欧文氏菌，主要在田间的病残体中和球茎中越冬，病菌随病残组织在土壤或球茎中越冬。病菌从伤口气孔侵入，伤口主要有自然裂口、虫伤、病痕、机械伤口等，在田间靠昆虫接触及灌溉流水传播蔓延进行再侵染。发病最适温度25～30℃，大风大雨、高温高湿等剧烈天气变化时易暴发流行。一般连作地种植过密、排水不良、低洼积水、田间湿度大、偏施氮肥、浓绿郁蔽、害虫重发等类型的田块发病较重。

（3）芋炭疽病。主要为害叶片，叶斑呈半圆形（叶缘）、圆形至不定形，褐色至暗褐色，斑面具有污褐色云纹或线条明晰的深褐色同心轮纹，斑外围出现黄色晕圈，后期湿度大时斑面出现小黑点或朱红色小液点病征，有的斑面易破裂或部分脱落成叶片穿孔（图5-3）。

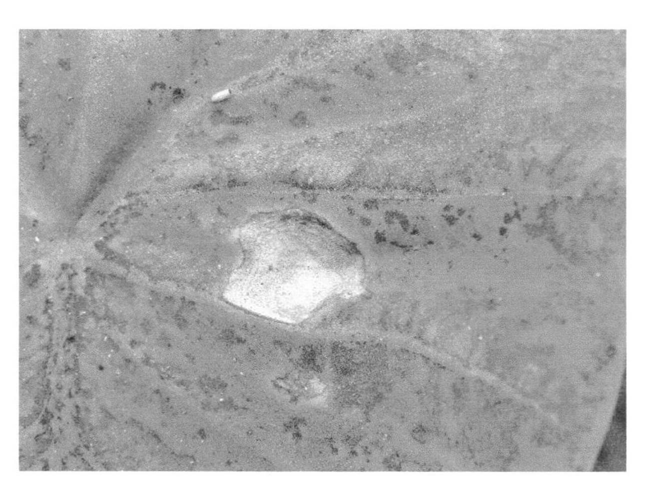

图5-3　芋炭疽病叶片

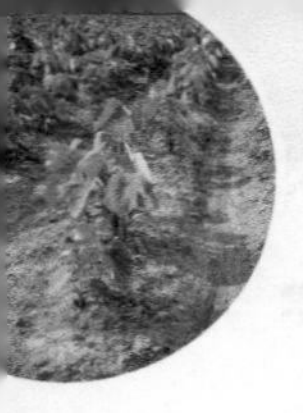

由真菌半知菌侵染引起，病菌以菌丝体、分生孢子盘及分生孢子随病残体在土壤中越冬，喜高温、高湿的环境条件，最适宜发病的气候条件为气温25～30℃，相对湿度85%以上。以分生孢子作为初侵与再侵接种体，借助雨水溅射或小昆虫活动而传播，从叶片伤口侵入致病。连绵阴雨或雾大露重的天气易发病，偏施氮肥或排水不良地块发病较重。

炭疽病与疫病有时可混合发生，两病症状不同点在于：炭疽病发病部位与健康部位分界较明晰，斑外黄晕亦明显，斑面病征为小黑点；疫病发病部位与健康部位分界模糊不清，无明显黄晕，病征为薄层白霉，并常伴随由坏死组织分泌的黄色至淡褐色的液滴状物。

（4）芋污斑病。仅为害叶片，叶斑初呈淡黄色近圆形小斑，后渐扩大为淡褐色至暗褐色圆形至不定形病斑（叶背病斑比叶面的色淡）（图5-4），边缘无明显界限，外观似污渍状，故名污斑病。

由真菌半知菌亚门芋枝孢霉侵染引起，主要发病盛期在7—10月。病征一般不明显，湿度大时斑面仅现隐约可见的薄霉层。严重时叶片大小病斑密布，叶面外观远看呈锈褐色，相当触目。病菌的分生孢子作为初侵染和再侵染接种体，借助气流传播在寄主间辗转侵染为害。高温多湿的天气，偏施氮肥植株生势过旺或肥水不足致植株生长衰弱时，皆易诱发本病。

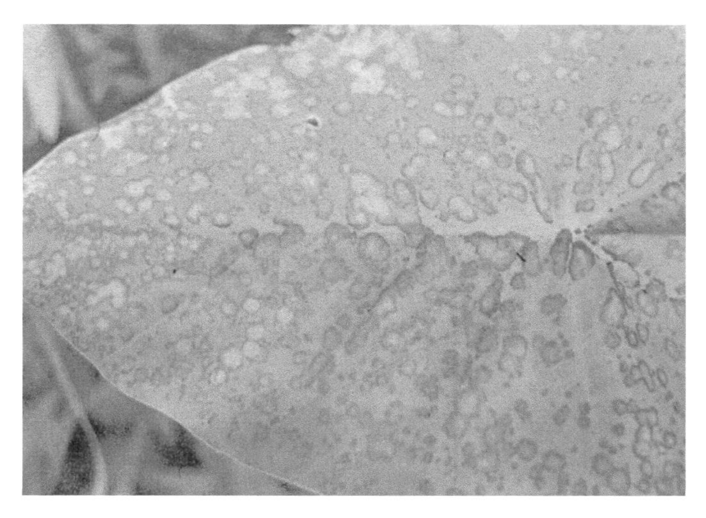

图5-4 芋污斑病叶片

（5）芋细菌性斑点病。主要为害叶片。叶斑细而多，圆形或近圆形，初呈水渍状，后转黄褐色至灰褐色，外围具有黄色晕圈，数个病斑可相连合为淡褐色小斑块（图5-5）。病征一般不明显，潮湿时触之有质黏感。

由细菌芋假单胞杆状菌侵染引起。病原细菌随病残体遗落在土中越冬或黏附在球茎表面越冬，在土壤中可存活1年以上，随时可以侵染寄主。病菌借助于雨水溅射传播。雨水多的年份发病多，且易在雨后发病。

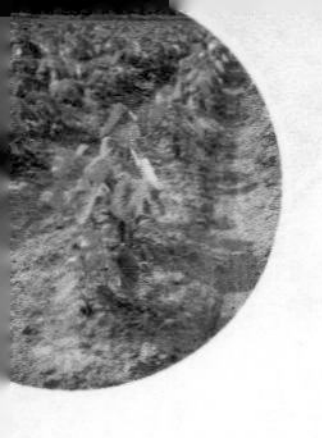

图5-5　芋细菌性斑点病

（6）芋枯萎病。又称干腐病。主要寄生在茎部，引致枯萎或腐烂。发病轻的症状不明显，先是生长慢，老叶黄化迅速。病株表现为生长不良，变为黄绿色，秋季提早干枯或茎叶倒伏，剥开球茎，皮层变红，横剖可见红色小斑点，严重的大块变为红褐色，造成干腐或中空（图5-6）。

图5-6　芋枯萎病茎叶

芋头枯萎病的病原是茄病镰孢，属于半知菌类真菌。病菌在土壤中被害的残体，如母芋、子芋、种植病芋、连作地或地下害虫多易诱发此病。发病适宜温度为28～30℃。管理粗放，土壤过干或过湿易发此病。

（7）芋灰斑病。主要为害叶片，叶上病斑圆形，大小1～4mm，病斑深灰色，四周褐色（图5-7），病斑正背面生出黑色霉层，即病原菌的分生孢子梗和分生孢子。

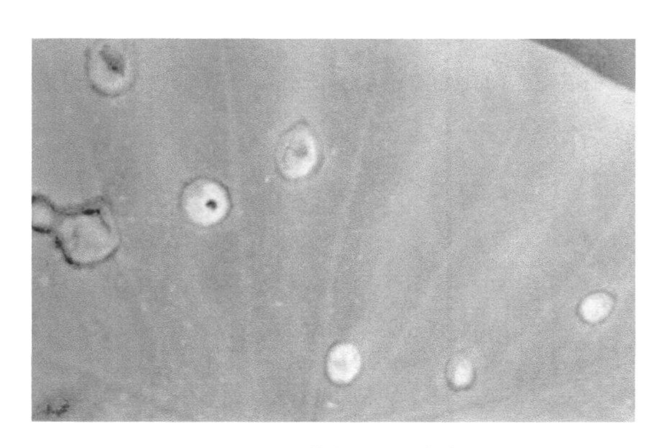

图5-7　芋灰斑病叶片

病原为芋尾孢，属半知菌类真菌。病菌以菌丝体和分生孢子座在病残体上越冬，以分生孢子进行初侵染和再侵染，借气流或风雨传播蔓延。高温多雨的年份或季节易发病；连作地或植株过密通透性差的田块发病重。

56. 芋疫病如何防治？

在防治策略上，必须坚持“预防为主，综合防治”的植保方针，采取以农业防治为主，物理防治与化学防治相结合

的防治措施，还要加强田间检查，做好预测预报工作，掌握最佳防治时期用药，才能达到理想的防治效果。

（1）农业防治。

①选用抗病品种：留用无病种芋是预防芋头疫病的重要手段之一，同时注意要在无病田留种，种芋要充分老熟，且无病无伤口，同时要在晴天收获。

②适时播种，合理密植：根据不同品种的特性，合理安排播种期，适当避开雨季高峰期；合理密植，改善田间通风透光条件，即改善田间小气候，形成不利于芋头疫病发生的环境，以减轻疫病的为害。

③合理施肥，科学管水：注意施足基肥，适时合理追肥，增施有机肥，注意氮、磷、钾肥的科学配比，推广配方施肥技术，促进植株健壮，提高植株的抗病能力，大力推广关键栽培技术。同时还要注意科学管水，应保持湿润管理，雨后要及时排水，避免芋头长期浸泡在水中，可较好地控制疫病的发生。

④做好田间卫生：在芋头的生长过程中要及时摘除病叶，及时铲除中心病株，并集中带出田外深埋或烧毁。收获后要及时清除田间病残体，减少初侵染源，从而减轻疫病的为害程度。

（2）药剂防治。药剂防治仍然是芋头疫病防治的最重要手段，要在最佳防治时期用药，才能达到理想的防治效果。若连阴雨持续时间较长，田间排水困难，芋疫病大发生，就必须用药防治，以防为主。在连阴雨气候持续5d以上，且田间湿度较大时，可用46%氢氧化铜水分散粒剂1 000倍液+70%代森锰锌可湿性粉剂1 000倍液，或25%嘧菌酯悬浮剂800倍液喷雾预防，要加少量黏着剂（如中性洗衣粉、有机硅等）保证药液附着。注意喷药均匀周到，在芋头植株上形成保护层，间隔10d左右再喷1次。如阴雨天气持续，可用46%氢氧化铜水分散粒剂1 000倍液+10%氟噻唑吡乙酮可分散油悬浮剂1 000倍液喷雾治疗，直到天气好转为止。

57. 芋腐败病如何防治?

芋软腐病为细菌性病害，在6月上中旬开始进入盛发期。防治上应严格贯彻“预防为主，综合防治”的原则采用农业、物理、化学相结合的方法防治，防重于治，早治重于晚治，并选择高效低毒低残留农药。

（1）农业防治。

①地块选择：应选择避风平田或缓坡地，灌溉方便，光照条件好的地块。土壤以土层深厚、土质疏松、富含有机质、土壤酸碱度为中性偏酸的沙壤土为好。

②精细整地：冬季深耕翻土晒白，耕深30～40cm，整地时耙碎整细，筑深沟高畦，深耕细耙，有条件可在田四周深开围沟，有利于排灌防止长期渍水。

③实行轮作：芋不耐连作，可与水稻、玉米、葱蒜类等作物轮作，切忌与十字花科、茄科、葫芦科作物进行轮作，更不应多年连作，轮作周期一般为2～3年。

④种芋处理：应选择球茎上端口平、窝眼小和整个球茎为碓窝状或芋头状、脐眼小、成熟度好、无破裂、无疤

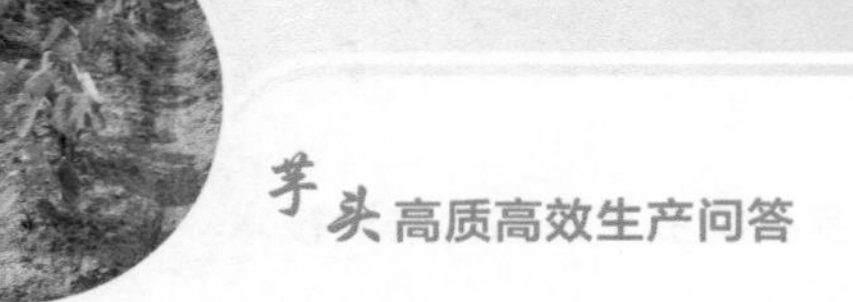

痕、无霉烂等特征的种芋。播种前，翻晒种芋1～2d，可起到杀菌、催芽，促进芽齐、芽壮的作用。播种前晒种后，采用适宜的药剂进行拌种或药剂浸种，可有效减轻生长前期软腐病的发生。可用草木灰加石灰（1∶1）拌种；也可用25%嘧菌酯悬浮剂800倍液+50%多菌灵可湿性粉剂800倍液浸种10～15min，捞出晾干后种植。

⑤肥水管理：实行平衡施肥、配方施肥，在芋整个生长期间应注意施用腐熟有机肥，每亩施腐熟农家肥1 500～2 000kg、45%硫酸钾复合肥50kg、过磷酸钙50kg，深施、匀施、深翻耙匀作基肥。追肥可用化学肥料，重施钾肥，不能偏施氮肥。

芋前期怕涝、后期怕旱。生长前期保持土壤湿润，生长中后期正值高温干旱季节，蒸腾耗水量大，除在每次中耕排干水便于除草施肥外，其余时间可保持沟中有水，防止叶片干枯。若出现台风暴雨天气，要及时排干沟中水，田间发现病株时也要排出积水，降低田间湿度，及时喷药保护。

⑥清洁田园：在芋生长期间清除田间枯叶、病叶，如发现感病植株应立即连根拔除带离田间集中深埋或焚烧处理，病穴及其周围土壤撒施石灰消毒，防止病菌传播。槟榔芋收获后，也应及时清除田间病残体。

（2）药剂防治。发病初期，田间出现病株后要拔除病株销毁，及时排水，立即喷药防治。可选用20%噻唑锌悬浮剂500倍液、20%噻菌铜悬浮剂500倍液、46%氢氧化铜水分散粒剂600倍液灌根或喷淋防治，每隔5～7d防治1次，连续2～3次，注意交替轮换使用药剂。

58. 芋炭疽病、污斑病、细菌性斑点病如何防治?

（1）综合防治技术。

①避免芋地连作。

②因地制宜选用抗病品种，下种前注意剔除可疑种芋。

③土壤消毒：下种前用46%氢氧化铜水分散粒剂1 000倍液+75%百菌清可湿性粉剂600倍液淋施地面随耕地翻入土中，同时基肥要注意多施用腐熟的有机肥。

④芋种消毒：芋种用46%氢氧化铜水分散粒剂1 000倍液+75%百菌清可湿性粉剂600倍液浸种4h，沥干后拌草木灰下种。

⑤加强肥水管理：配方施肥，勿过施偏施氮肥，勿用水过度，雨后及时清沟排渍降湿。适时喷施叶面营养剂，促植株壮而不过旺，稳生稳长，提高植株抗逆力，以减轻发病。

⑥常发病地区要早喷药预防，及早铲除田间零星病株。

（2）药剂防治。防治芋炭疽病可用46%氢氧化铜水分散粒剂+75%百菌清可湿性粉剂（1∶1）800～1 000倍液，或25%溴菌腈可湿性粉剂500倍液；防治芋污斑病可用46%氢氧化铜水分散粒剂1 000倍液，防治芋细菌性斑点病可用46%氢氧化铜水分散粒剂1 000倍液，或20%噻菌酮悬浮剂800～1 000倍液。

59. 芋枯萎病如何防治?

（1）农业防治。

①选择无病种芋，最好用孙芋，不用母芋。用25%嘧

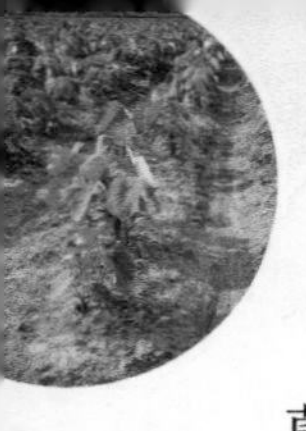

菌酯悬浮剂800倍液+50%多菌灵可溶性粉剂800倍液浸种10min，晾干后直接播种。

②加强肥水管理，勿使土壤过干或过湿，施用充分腐熟的有机肥。

③及时清除病残体，集中深埋或烧毁。

（2）药剂防治。用22.5%啶氧菌酯悬浮剂1 500倍液，或70%甲基硫菌灵可湿性粉剂1 000倍液均匀喷雾，喷药时要注意基部用药；发病严重时用50%多菌灵可溶性粉剂500倍液灌根。

60. 芋灰斑病如何防治?

（1）农业防治。注意田间卫生，收获时或生长季节收集病残体，集中深埋或烧毁。合理密植，加强肥水管理，重病地实行轮作。

（2）药剂防治。用50%多菌灵可溶性粉剂400倍液或20%嘧霉胺悬浮剂600倍液，在发病初期喷雾防治。

61. 芋头主要虫害有哪些?

（1）斜纹夜蛾。又名莲纹夜蛾、斜纹夜盗虫，属鳞翅目夜蛾科。此虫为世界性害虫，在中国分布也极为广泛，主要在长江流域的江西、湖南、湖北、江苏、浙江、安徽，黄河流域的河南、河北、山东等地为害。主要以幼虫为害全株、小龄时群集叶背啃食。3龄后分散为害叶片、嫩茎、老龄幼虫可蛀食果实（图5-8）。其食性既杂又为害各器官，老龄时形成暴食，是一种为害性很大的害虫。

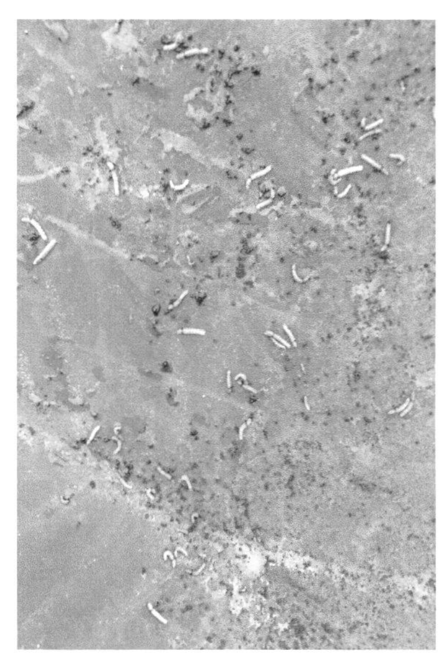

图5-8　斜纹夜蛾幼虫和大龄虫

斜纹夜蛾一般一年发生4～5代，以蛹在土下3～5cm处越冬。成虫白天潜伏在芋头叶背或土缝等阴暗处，夜间出来活动。成虫有强烈的趋光性和趋化性，黑光灯的效果比普通灯的诱蛾效果明显，另外对糖、醋、酒味很敏感。各虫态的发育适宜温度为28～30℃，但在高温33～40℃下，生活也基本正常。抗寒力很弱，在冬季0℃左右的长时间低温下基本上不能生存。斜纹夜蛾在长江流域各地为害盛发期在7—9月。

（2）红蜘蛛。又名朱砂叶螨、红叶螨，属蜱螨目叶螨科。朱砂叶螨为世界性害虫，寄主十分广泛，芋头也属于其中的一种。朱砂叶螨以成螨、若螨在芋头的叶背面吸取汁

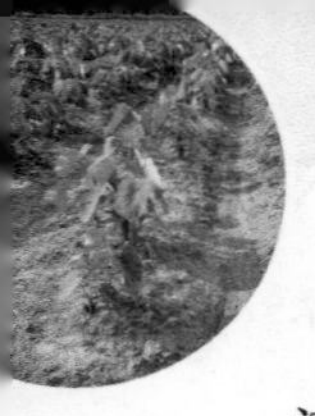

液，一般多群聚在叶背中部主脉左右处为害叶片，开始在叶片正面出现灰白色微小密集的斑点，不久变为锈红色，呈火烧状，严重时叶片干枯、脱落，甚至整株枯死，降低产量和芋头的品质（图5-9）。

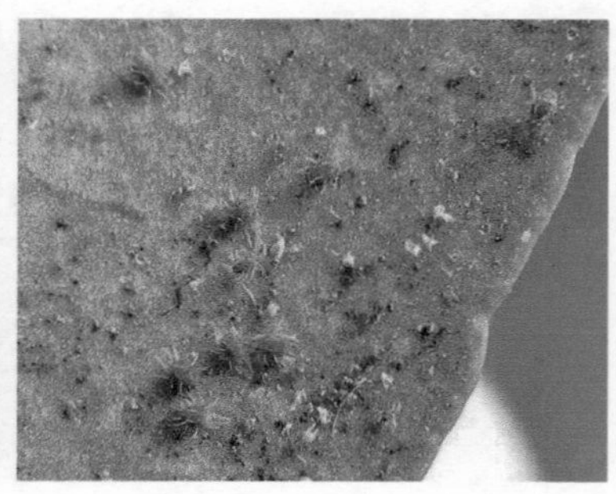

图5-9　红蜘蛛为害症状和成虫

朱砂叶螨以雌成螨及其他虫态在蚕豆、冬绿肥、杂草上、土缝内、棉田枯枝落叶及桑、槐树皮裂缝内越冬。越冬期间气温上升，仍能活动取食，翌年春气温达7～10℃以上开始大量繁殖。4月下旬到5月上、中旬迁入芋田内为害，由点片发生逐渐扩散，6—8月是为害高峰期，尤其在干旱炎热天气条件下易大发生。降水多对雌虫发育不利，若6月降水量在100mm以下时，发生为害严重。另外，芋头前茬为绿肥、蚕豆、豌豆等寄主作物的田块或长势差的植株受害严重。

（3）蚜虫。属于蚜虫属同翅目蚜虫科。全国性分布，以成蚜、若蚜群集于芋叶背刺吸为害，由下部底叶，自下而上蔓延，严重时蚜虫盖满叶背，受害叶片发黄或变红，甚至叶片卷缩、枯死。而且分泌的蜜露能诱发霉菌的寄生，阻碍叶片正常的光合作用和生理作用，严重影响地下球茎的生长发育（图5-10）。

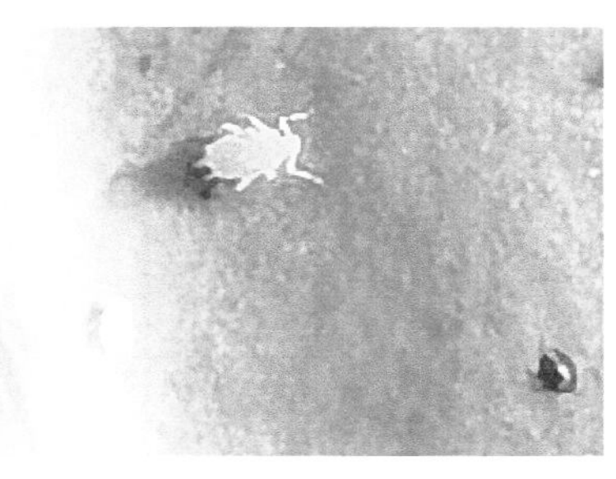

图5-10　芋头叶片上蚜虫为害和蚜虫成虫

蚜虫在长江流域地区1年可发生20～30代，蚜虫的越冬卵主要产在木槿、石榴等木本植物的腋芽内、树皮的裂缝中，草本植物多产在根际处，翌年春季平均气温达6℃时（长江流域为3月中、下旬）开始孵化，4—5月产生有翅胎生雌蚜迁飞扩散到棉田、芋田等活动繁殖为害，6—7月为芋田为害盛期，在气温16～25℃和干旱条件下发生猖獗。

（4）蛴螬。是一种常见的地下害虫，别名白地蚕、白土蚕（幼虫）、金龟子（成虫），属鞘翅目金龟总科。此虫分布最广，种类最多，为害最重。蛴螬幼虫主要取食萌发的种子和嫩根，或咬断麦苗根茎，咬断处切口整齐，或直接咬食嫩果和马铃薯、甘薯、芋头、甜菜的块茎和块根，不仅造成减产，而且虫孔容易引起病菌的侵染（图5-11）。成虫大多食害果树林木和作物的叶片，也会造成损失。

图5-11 蛴螬幼虫

蛴螬1～2年产1代，幼虫和成虫在土中越冬，成虫即金龟子，白天藏在土中，晚上20—21时进行取食等活动。蛴螬有假死和负趋光性，并对未腐熟的粪肥有趋性。幼虫蛴螬始终在地下活动，当10cm土温达5℃时开始上升土表，13～18℃时活动最盛，23℃以上则往深土中移动，至秋季土温下降到其活动适宜范围时，再移向土壤上层。土壤潮湿活动加强，尤其是连续阴雨天气，春、秋季在表土层活动，夏季时多在清晨和夜间到表土层活动。

62. 斜纹夜蛾如何防治?

（1）诱杀成虫。在成虫发生期，用黑光灯、糖醋液、性诱剂等方法诱蛾捕杀（图5-12）。

图5-12 性诱剂诱杀

（2）农业防治。摘卵块，捉虫窝，采摘卵块及带虫窝的叶片，远离田块，集中销毁。

（3）药剂防治。掌握在幼虫孵化期和3龄前小虫期，进行喷药防治。用4.5%高效氯氰菊酯乳油2 000倍液进行喷雾防治，也可用20%氯虫苯甲酰胺悬浮剂10～15g/亩+4.5%高效氯氰菊酯乳油120～150mL/亩兑水80～100kg防治。重点喷洒芋头嫩叶背面、叶柄等部位。喷药时间要在傍晚或清晨，以提高防治效果。3龄以后的幼虫体壮皮厚，抗药性强，一般喷药难以防治，必须人工捕捉。

63. 红蜘蛛如何防治？

（1）农业防治。进行轮作；清除田边和田中杂草；芋田零星发现为害，人工摘除虫叶，并且带出田外集中销毁或

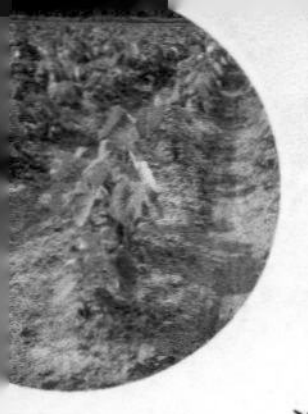

沤肥；结合芋田管理，高温干旱季节采取大水沟灌抗旱；对受害芋田增施速效肥料，以促进芋头植株的生长发育，增强抗虫害能力。

（2）药剂防治。施药应早防早治，主攻点片发生阶段，采取发现一株打一圈，发现一点打一片的方法，控制住红蜘蛛的进一步为害。可用73%克螨特乳油2 500～3 000倍液等喷雾防治，每隔5～7d喷洒1次，连续防治2～3次。注意喷施叶片背面。

64. 蚜虫如何防治?

（1）农业防治。及时清除田间残株、杂草，以减少虫源。

（2）药剂防治。防治芋头蚜虫的主要药剂有：10%吡虫啉水分散粒剂1 000倍液或20%氰戊菊酯乳油2 500～3 000倍液等。

65. 蛴螬如何防治?

（1）捕杀成虫。在成虫盛发期，用灯光诱捕成虫。

（2）农业防治。施腐熟有机肥料；露地菜田秋、冬季深翻土壤并结合灌水淹杀，减少越冬虫源。

（3）药剂防治。用2.5%敌百虫粉剂，每亩1kg，加细干土50kg，拌均匀，播种时深穴施（不与种芋接触）。

（4）毒饵诱杀。90%敌百虫250g加水4～5kg喷洒到炒过的15～20kg米糠、豆饼或麦麸中，拌匀，傍晚撒在芋田里。

66. 芋头病虫害如何进行绿色防控?

对芋头病虫害的绿色防控，要在用好农业防治措施的基础上，重点掌握化学防治技术、理化诱控技术，预防为主，综合防治。

（1）农业防治措施。一是做好沟系配套，开好3沟，做到高畦深沟，清沟排渍。注意协调水分条件，既满足芋头生长过程中水分的供应，雨天又要及时排除田间积水，降低田间湿度，减少病害的蔓延扩散。二是平衡施肥，施足基肥，增施磷钾肥，避免偏施过施氮肥。促进植株健康生长，增强对病害的抵抗力。结合施肥进行中耕培土，增加田间通风透气，改善芋生长环境。三是及时摘除下部老叶。芋头中下部老叶是芋头疫病初侵染部位，及早摘除下部病叶老叶，带出田外集中销毁，以减少病源，降低芋头疫病发生程度。

（2）化学防治技术。推广高效、低毒、低残留、环境友好型农药，优化集成农药的轮换使用、交替使用，避免抗药性产生；精准使用和安全使用等配套技术，严格遵守农药安全使用间隔期。禁止使用剧毒、高毒、高残留类农药。

（3）理化诱控技术。重点推广昆虫信息素（性引诱剂、聚集素等）、杀虫灯、诱虫板（黄板、蓝板）防治害虫（图5-13），积极开发和推广应用植物诱控、食饵诱杀、防虫网阻隔和银灰膜驱避害虫等理化诱控技术。

芋头种植田一般肥水条件较好，很容易滋生杂草，影响芋头生长发育，因此芋田除草是一项重要的栽培管理措施，应采取综合防控措施，以控制芋田草害。

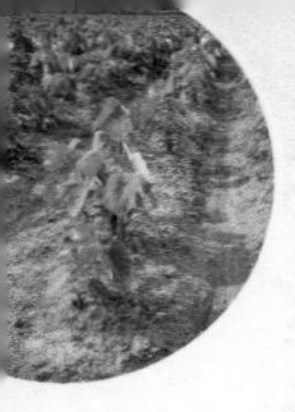

图5-13 杀虫灯、黄板、蓝板

67. 芋田常见杂草有哪些？

芋田常见杂草有近30种，其中以禾本科、蓼科、苋科和玄参科杂草为主，在不同时间段杂草优势种类和数量有所不同，并且不同生境的芋艿田杂草种类也有所不同。现将常见主要杂草介绍如下。

（1）马唐。一年生草本植物，株高可达80cm，茎秆光滑无毛，着地后节处易生根，总状花序，6—9月开花结果（图5-14）。叶片边缘较厚且叶面有些粗糙，下部茎节蔓延成片，很难拔除。

图5-14 马唐

（2）牛筋草。一年生禾本科杂草，种子繁殖，茎秆丛生，叶片条形，穗状花序，全年开花（图5-15）。茎叶韧如牛筋，根系深且发达，不易拔除。

图5-15 牛筋草

（3）稗草。一年生禾本科杂草，茎直立，光滑无毛，圆锥花序。6月中旬抽穗开花，6月下旬成熟（图5-16）。易发生于潮湿旱地，极难清除。

图5-16 稗草

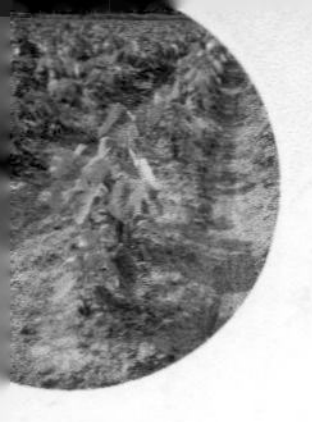

（4）香附子。又名莎草、雷公草、野韭菜等，莎草科一年生草本植物，秆丛生，扁三棱形（图5-17）。种子繁殖，籽实极多，成熟后脱落，春季出苗。是世界十大恶性杂草中排名第一的杂草。

图5-17　香附子

（5）苍耳。菊科一年生草本植物，株高可达1m，根纺锤状，叶片呈卵状三角形，边缘有不规则的粗锯齿。7—8月开花，9—10月结果（图5-18）。总苞表面具刺钩子和密生细毛，常贴附于家畜和人身上，很容易散布。

图5-18　苍耳

（6）空心莲子草。又名水花生，苋科多年生宿根植物，原产巴西，曾作为畜牧业饲料，现为恶性杂草。根茎芽繁殖，茎基部匍匐，着地或水面生根，适应性和繁殖能力极强（图5-19）。人工锄除可助其扩张繁殖，20%氯氟吡氧乙酸乳油除草剂防治有特效，但在芋头上要慎用。

图5-19 空心莲子草

68. 芋田杂草防治措施有哪些?

（1）芽前处理。芋头播种前，要进行精细整地，全面清除田间杂草。播种覆土后，要及时用40%乙草胺可湿性粉剂800倍液、或96%精异丙甲草胺乳油1 200倍液，进行芽前化除，喷药要均匀、全面，不留空隙，以控制芽前草害。

（2）苗期除草。若芋田苗期杂草严重，需要采取化学除草，结合第1次壅土进行全面除草。化学除草方法应根据田间杂草种类决定：若田间以禾本科杂草为主，应于杂草苗期施药，先用5%精喹禾灵乳油800倍液、或15%精吡氟禾草

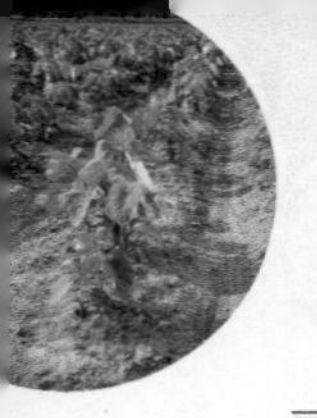

灵乳油800倍液，均匀喷洒于杂草上，待杂草顶心枯死，再结合第1次壅根进行浅中耕；若田间以阔叶杂草为主，应于杂草苗期，先用41%草甘膦异丙胺盐水剂300倍液，均匀喷洒于杂草上，注意用草甘膦化除要使用扇形喷头进行定向喷雾，喷雾时一定要小心、控制喷头高度，不能使药液喷到芋头植株上，以防发生药害。待杂草顶心枯死，再结合第1次壅根进行浅中耕。通过化除与中耕的结合使用，可以有效控制杂草滋生。

（3）后期控草。芋头后期茎叶生长茂盛，对杂草有一定的控制效果，若田间杂草滋生，应结合除边荷、壅根培土等措施进行田间除草。即在去边荷时铲除杂草，壅根培土时压实土壤，控制杂草生长。

第六章 芋头机械化生产技术

69. 芋头生产中哪些环节可以实现机械化？

芋头生产的主要机械作业环节包括土地耕翻、田间起垄、芋头播种、中耕培土、芋头收获等，通过试验示范，把农机与农艺有机地结合在一起，实现了主要生产环节的机械化作业，提高了作业效率，减轻了农民劳动强度，有利于促进增产增收。

芋头关键环节机械化生产的工艺路线如下：机械耕翻—机械起垄—机械播种—机械中耕培土—机械收获。

70. 耕翻机械化效果如何？

采用中型拖拉机或小型拖拉机配套旋耕机（图6-1），用于耕翻作业。旋耕机与蔬菜作业机械可以通用。

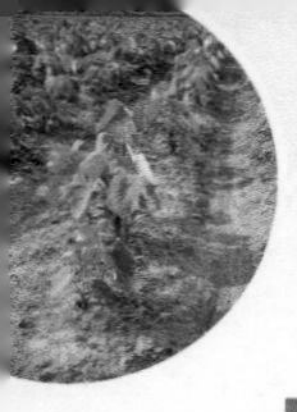

图6-1 芋头旋耕机械

利用中型拖拉机或小型拖拉机配套旋耕机深翻晒土，耕深25cm以上，使土壤细碎、疏松，上虚下实。耕翻后，每亩施充分腐熟农家肥1 500～2 000kg、45%硫酸钾复合肥30kg。

在耕翻后的田块上进行起垄作业，作业效率1～2亩/h。要求垄面宽80cm，垄底宽100cm，垄高15～20cm，两垄间沟底宽40cm左右。要求达到垄直沟平、深浅一致，垄体宽窄一致，垄行排列整齐。

71. 起垄播种机械化效果如何?

针对芋头起垄播种研制了起垄—播种—覆膜一体作业机械（图6-2），采用30～45kW拖拉机驱动，作业顺序为播种、起垄、喷除草剂、覆盖黑地膜。该机作业起垄高度达到20cm以上，后期不需要壅根培土或壅根培土1次即可，在大面积试验中基本达到预期效果。

图6-2 芋头机械播种

3月中下旬开始播种，采用起垄—播种—覆膜一体作业机械，作业效率1～2亩/h。将行距调整为40cm，株距30cm。不进行育苗，将种芋直接放入移植机的钵杯中，每个钵杯放1个种芋，不能出现遗漏。起动移植机进行播种作业，按要求不断在空缺的钵杯中放入种芋，每亩3 600穴左右，每穴1棵，用种量120～125kg。播种要达到不缺棵、不露种，覆土2～3cm。注意钵杯的工作状况，如钵杯空缺需及时放入种芋，避免缺棵。长度大于6cm的种芋容易卡堵，造成缺棵或1穴多棵。

72. 壅根培土机械化效果如何?

该机械为小型田园管理机（图6-3），可用于作垄开沟、行间培土。开沟深度可达40cm，宽度为0.8～1.2m。1h能操作1～1.5亩，培土可省工16个以上，操作灵活，省时省力。适用于各种山地、丘陵、平原、旱田、水田、大棚。

图6-3　芋头机械培土

一般在6—7月芋头长出7～8片真叶时，使用多功能田园管理机进行1次中耕培土，作业效率1～2亩/h。调整开沟深度以控制培土量，调整两侧挡板角度以控制泥土抛洒距离，要求抛洒的泥土既能覆盖两侧垄顶，又不落入另一侧沟中，培土厚度达到3～5cm，培土时把萌发抽生的边叶埋入土中。

73. 收获机械化效果如何？

针对芋头收获环节，研制了双层抖土收获机和犁地式收获机（图6-4），实现了割蔓、收获一体化。一般在10—11月（播后180d左右）进行收获。样机田间试验效果显示，双层抖土收获方式能满足常规芋头栽培方式，收获效率为2亩/h左右，入土深度15cm左右时，芽破损率低、翻晒效果好；犁地式收获机特别适用于海门开沟栽培方式，收获效率为1.5 ~ 2亩/h，入土深度大于15cm时，破损率低、翻晒效果好。

针对江苏省沿长江地区沙壤土、偏黏性、比阻较大的特点，建议配套20kW以上、高地隙大底盘的四轮拖拉机（离地间隙25cm），收获机挖掘深度调整到15cm左右，挂1挡或2挡作业，根据芋头的损伤率和损失率，及时调整机械挖掘深度，要求芋头损伤率≤1.5%，损失率≤2%。

图6-4　芋头机械收获（左为双层抖土收获机、右为犁地式收获机）

第七章 芋头大棚高效生产技术

74. 芋头大棚生产有什么优势？

目前芋头生产以露地栽培为主，种植周期较长，超过180d，采收时间多为10月。集中上市导致芋头销售压力增加，而且新鲜芋头不耐储存，晾晒不充分易发霉腐烂，影响口感风味和外观等商品性，因此采收后必须尽快销售。但是，芋头大量上市极易造成滞销，销售价格被压低又会导致收入减少，影响农户来年种植芋头的积极性。因此，现有的露地芋头种植方式不能满足农户增产增收和市场周年供应的要求。

近年来，江苏省农业科学院经济作物研究所在靖江、高港、太仓和海门等地区开展了“芋头大棚高效栽培技术”的研究工作，建立了“芋头大棚高效种植技术体系”，取得了较好的示范效果。本技术利用大棚内温湿度较高的特点，可以促进芋头早出苗、早结芋、早收获，提前至中秋节前收获上市；同时利用大棚保温效果，在霜降后能够延长芋头生长期至年底，可以保证春节前收获上市，有效避免了芋头大量上市、销售价格波动的问题，在提高芋头产量和保证芋头新鲜品质的同时，进一步获得更高的经济效益。

75. 芋头大棚生产有什么要求？

（1）大棚条件。要求宽6m以上，顶高3m左右，肩高1.5m以上，保温性好，边膜揭膜盖膜方便、便于操作的大棚（图7-1）。

图7-1　芋头生产大棚

（2）水利条件。选择地势高爽、沟系配套、排灌方便的田块，最好配备喷滴灌设施。

（3）土壤条件。应选择土层深厚，土质肥沃，沙性土或壤土。

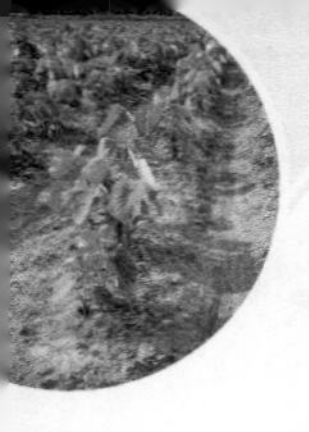

76. 芋头播前如何准备？

（1）施肥作垄。大棚种植田应施足基肥。冬季随地块耕翻，每亩施腐熟农家肥2 000kg左右，耕后整平耙细。播前10d左右整地作垄。垄面宽80cm左右，垄间距离40～50cm，垄高15～20cm（图7-2）。

图7-2　大棚整地作垄

（2）种芋处理。选择单个重量30g左右、健壮光滑无病斑子芋作为种芋，选种后将种芋晾晒2d。种芋用70%甲基硫菌灵可湿性粉剂500倍液+25%嘧菌酯悬浮液800倍液浸泡10min以上，晾干后播种。

77. 大棚芋头如何播种?

（1）适宜密度。采用宽窄行种植，宽行距80cm，窄行距40cm，株距33cm左右，种植密度大约3 300株/亩。

（2）施足种肥。基肥不足或土壤肥力不足的田块需要在播种时带种肥，在垄间沟施腐熟农家肥1 000kg/亩+过磷酸钙15kg/亩+硫酸镁2kg/亩作种肥，对于缺硼缺锌的田块要补充硼砂1kg/亩、硫酸锌1kg/亩等。

（3）适时播种。

①开沟播种：根据气温条件，1月下旬至2月中下旬播种。按照行株距要求，播种深度10～15cm，芋芽朝上摆放，顶芽上盖土厚度10cm以上（图7-3）。行间播种安全苗备用。

图7-3 大棚芋头播种

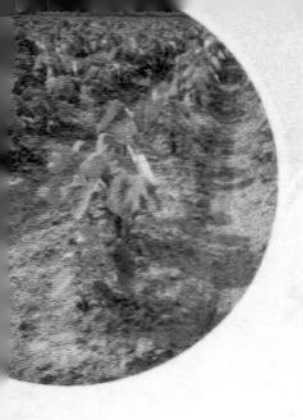

②盖膜防草：播种后全田均匀喷施96%精异丙甲草胺乳油1 200倍液或5%精喹禾灵乳油800倍液做除草封闭。随后在垄面上覆盖黑色地膜，侧边堆土压实，以保温保湿促苗（图7-4）。

图7-4　垄面覆盖黑色地膜

78. 芋头苗期怎样管理？

（1）破膜放苗。种芋破土出芽后，要及时破膜放苗，并将膜孔用土盖好。在全苗之前每隔1～2d到田间查看，及时放苗。缺棵处补栽安全苗，保证正常密度。

（2）保温控湿。出苗前，大棚密闭保温，棚内温度保持在8～15℃。发棵期棚内温度保持在15℃左右，白天开门通风换气，夜间保持密闭。

（3）防旱排涝。发棵期要保持田间湿润，据土壤温湿度5～7d浇水1次，保证土壤不过干或过湿，以植株不出现缺水症状为宜。干旱时采取窨水灌溉，禁止大水漫灌。遇到涝渍及时排水。

（4）苗期追肥。芋头种子大，所含营养物质丰富，3叶期前生长所需的养分主要是由种芋自身提供的，施足基肥后可不施苗肥。发棵期根据长势，每亩可施45%硫酸钾复合肥10～20kg，株间穴施。

（5）病虫害防治。苗期病害较少，虫害主要为蛴螬、蚜虫等。病虫害防治方法详见第五章。

79. 芋头结芋（膨大）期怎样管理?

（1）及时灌溉。在6月中下旬以后，应视天气每隔5～7d灌溉窨水1次，以保持芋头生长有充足的水分。7—8月高温季节要注意适当增加灌水频率。气温高于35℃时，灌水时间宜安排在下午5时以后至午夜，喷滴灌或沟灌窨水，夜灌晨排，不长期淹水。切不可在中午高温期间灌水。

（2）通风控温。进入块茎膨大期后，应注意大棚内通风控温。进入膨大期，当室外气温高于25℃时，卷起大棚两侧棚膜，开门通风。当室外气温高于35℃、阳光照射强烈时，除通风换气外，大棚外应覆盖遮阳网，防止叶片灼伤（图7-5）。

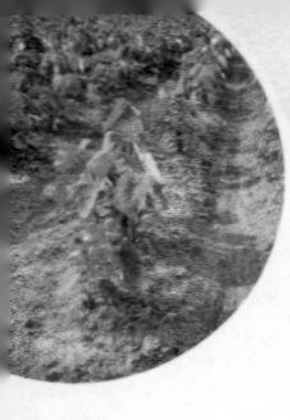

图7–5　揭除大棚侧膜

（3）追肥壅土。6月中旬开始培土壅根，培土要四周均匀，使芋形端正，厚度一般为10～15cm。结合壅土，每亩追施腐熟饼肥200kg/亩、45%硫酸钾复合肥20～30kg/亩，或有机复混肥40～50kg/亩。

（4）及时去除边荷叶。结合培土壅根，去除边荷叶，一般采取压、踩、割的方法去除。操作方法详见第三章42问。

（5）病虫害防治。常见病害有疫病、干腐病，虫害主要为斜纹夜蛾、红蜘蛛、蛴螬、蚜虫等。病虫害防治方法详见第五章。

80. 芋头成熟期怎样管理?

（1）田间水分管理。成熟期要减少浇水次数，保持土壤干爽。芋头采收前10d左右停止灌水。

（2）防止后期早衰。对于延后收获的芋头，一般在8月中旬，每亩喷施2%尿素+0.2%磷酸二氢钾稀释液或叶面微肥。喷施宜在上午8时之前或下午5时之后，浓度不宜过高，应充分搅拌均匀，以防肥害灼伤叶片（图7-6）。

图7-6 防止芋头早衰

（3）适期收获。大棚种植一般在8月下旬至9月上旬采收。可根据市场行情，分批采收上市（图7-7）。

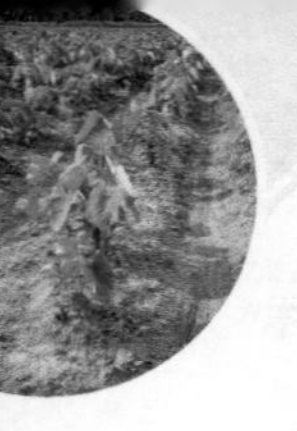

图7-7　大棚适期收获

冬季延后收获的芋头大棚，应在10月底至11月初对芋头进行窄行培土，培土厚度10cm以上，或覆盖10cm厚稻草等秸秆（图7-8）。气温低于15℃时，装上大棚两侧棚膜，白天通风换气，夜间大棚密闭；气温低于10℃时，注意保温除湿，防止冬季严寒发生冻害。

图7-8　大棚延后采收

81. 大棚芋头+羊肚菌如何种植？

根据芋头生长时期和茬口安排，从节省生产投入和提高经济效益的角度出发，大棚芋头一般可以与食用菌、青蒜、豆类等作物进行间套作种植。

羊肚菌又名草笠竹，是一种珍贵的食用菌和药用菌。其结构与盘菌相似，上部呈褶皱网状，既像个蜂巢，也像个羊肚（图7-9）。一般2月下旬开始出菇，4月上旬采收结束，属于喜冷凉型食（药）用菌。可与芋头进行轮作，经济效益显著，亩效益可达3万～4万元。

图7-9　大棚种植羊肚菌

（1）茬口安排。芋头于3月上旬育苗，4月上旬移栽，每亩种植2 800株左右，10月收获。羊肚菌在芋头收获后，11月下旬左右播种，3月上旬即可采收上市。

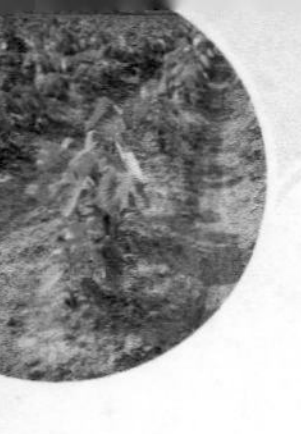

（2）羊肚菌栽培技术要点。

①播种：一般在11月下旬，在平均温度低于15℃开始播种，土壤相对持水量70%左右。菌种用量每亩用种250～300kg（湿重），将菌种捏碎至直径1～2cm大小的菌种块，撒播和条播，覆土厚度3～5cm。

②覆膜：播种后，在畦田覆盖黑色地膜，地膜宽度与畦面一致。每隔20cm左右在地膜上扎一个透气孔，直径2～3cm。将四周压实，以固定、保湿、透气和抑制杂草的生长。

③发菌期管理：在整个菌丝生长过程保持土壤湿润状态，控制土壤温度不高于20℃。播种后7～15d，当菌床上长满像白霜一样的分生孢子时，揭开地膜，每亩放置营养袋1 800～2 500袋，每袋湿重0.54kg。50～60d后，袋内麦粒变瘪时撤除营养袋。

④催菇期管理：翌年春季温度回升，土壤平均温度达到8～10℃时，揭去地膜，以拉大温差，增加光照射刺激，增加氧气供给。增加湿度，使土壤相对持水量在80%～85%，棚内空气湿度为90%～95%。

⑤出菇期管理：催菇3～5d后便可出现白色、明亮的球状原基。此时田间土壤相对持水量保持在80%～85%，棚内空气湿度为85%～92%，温度在5～18℃。

⑥采收加工：当羊肚菌颜色由深灰色变成浅灰色或褐黄色时，即达到生理成熟，便可采收。采集后应及时晒干、烘干或0～2℃冷藏保存，干燥过程中注意一定不要弄破菌帽，保持其完整。

82. 大棚芋头+青蒜如何种植?

该模式一般亩产青蒜750kg、芋头1 200kg左右，全年每亩产值约1.5万元，亩效益1.2万元。

（1）茬口安排。10月中下旬开沟作垄，畦宽2.8m，沟宽20cm，设置宽窄行，宽行80cm，窄行40cm。青蒜于10月下旬在沟内条播，播幅30～40cm。1月中旬到3月中旬分批分期采收青蒜苗上市（图7-10）。3月下旬在收过的青蒜行上套种两行芋头，株距25～35cm，每亩种植3 000～4 000株。芋头于10月上中下旬收清后可再次种植青蒜。

图7-10 大棚种植青蒜

（2）栽培技术要点。

①选用良种：青蒜品种选择抗寒能力强、休眠期短的山东苍山白蒜；芋头选用优质多子芋品种，如建昌红香芋、靖江香沙芋等。

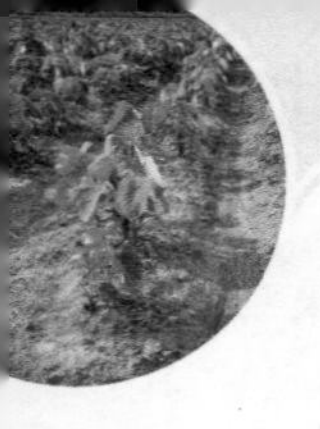

②青蒜管理：播种前7d，在播种行间条施腐熟饼肥50kg、45%硫酸钾复合肥50kg，播种前用500倍液的25%多菌灵可湿性粉剂浸种12h。青蒜苗期追施1次提苗肥，亩施尿素7.5～10kg，隔10～15d滴灌1次水肥。春节前后青蒜苗价格较高，为达到提早上市，可用薄膜覆盖增温，或用稻草覆盖防寒。蒜苗生长期间遇干旱，要及时滴灌抗旱，苗高20cm左右时开始采收。

③芋头管理：出苗后，每亩施腐熟有机肥750kg提苗；5片真叶时，每亩施腐熟有机肥1 500～2 000kg、45%硫酸钾复合肥15～20kg作发棵肥；7～8片真叶时，结合培土壅根，每亩施菜籽饼80kg、45%硫酸钾复合肥40～50kg作结芋（膨大）肥。另外要及时去除边荷，结芋期间要经常保持畦面湿润。

83. 大棚芋头+蚕豆如何种植?

该模式一般亩产青蚕豆荚1 000kg、芋头1 000kg左右，全年每亩产值1.4万元左右，亩效益约1万元以上。

（1）茬口安排。10月上中旬开沟作畦，畦宽2.8m，沟宽20cm，蚕豆于10月下旬穴播，宽窄行种植，宽行80cm，窄行40cm，株距20cm。3月下旬在蚕豆两侧行上套种两行芋头，株距25～35cm，亩播3 000～4 000株。5月上中旬收清蚕豆鲜荚后将其茎叶壅在芋头根旁，芋头于10月中下旬收清后可接种蚕豆（图7-11）。

图7–11　大棚种植蚕豆

（2）栽培技术要点。

①选用良种：蚕豆品种选用适宜鲜食的日本大阪蚕豆等大粒型品种；芋头选用优质多子芋品种，如建昌红香芋、靖江香沙芋等。

②蚕豆管理：秋播时结合耕翻整地，亩施优质腐熟有机肥1 000kg、过磷酸钙25kg；幼苗期即蚕豆在第3片复叶展开前因苗施有机肥300～400kg、或45%硫酸钾复合肥7.5～10kg；盛花期亩施45%硫酸钾复合肥10～15kg。2月中旬摘去蚕豆主茎和无效分枝。

③芋头管理：出苗后，亩施腐熟有机肥750kg提苗；5片真叶时，亩施腐熟有机肥1 500～2 000kg、45%硫酸钾复合肥15～20kg作发棵肥；当7～8片真叶时，结合培土壅根，将蚕豆茎叶壅在根周，并及时去除边荷，亩施菜籽饼

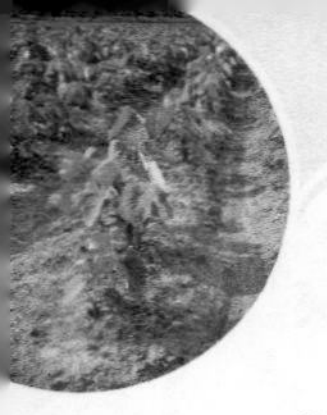

2 000kg、45%硫酸钾复合肥40～50kg作结芋（膨大）肥。结芋期间要经常保持畦面湿润。

84. 大棚芋头+毛豆如何种植?

毛豆别名枝豆，是未成熟大豆的鲜嫩豆粒，常作为蔬菜食用。毛豆在春、夏、秋各季都能生产，供应期长，是解决夏秋之间淡季的一种重要蔬菜，出口外销很受欢迎。毛豆需水较多，对土质要求不严，沙壤土至黏壤土均可种植。苗期能忍耐短时间2～5℃的低温，生长期间最适温度为20～25℃。芋头田套种毛豆，一般可套种适于春季栽培的早熟毛豆（图7-12）。毛豆采后剩余的鲜秸秆是优质有机肥料，可在芋头培土壅根时，将其直接壅在芋头小垄内。

图7-12　大棚种植毛豆

（1）茬口安排。以120cm为一个种植小区，芋头采取宽窄行种植，即宽行距80cm，窄行距40cm。芋头于3月下旬移栽或直播在窄行内，株距35～40cm，每亩种植2 800株左右。毛豆于3月中、下旬采用营养钵或方块育苗，4月中旬套栽在芋头宽行中间，穴距25cm，每亩种植2 200穴，每穴2～3株，每亩5 000株左右。6月上旬毛豆开始采收，6月下旬采毕。

（2）栽培技术要点。

①选种育苗：毛豆一般选用株形紧凑、生育期短的早熟品种。毛豆采用营养钵或方块双膜覆盖育苗，播种前把毛豆种子置于50℃左右温水中浸泡12～14h。播前苗床施足腐熟有机肥（床土与有机肥比例为7∶3）。每平方米苗床增施45%硫酸钾复合肥0.25～0.3kg，浇足床水后制钵或切成边长为5～6cm的方块，每钵或每方块摆籽3～4粒，齐苗后及时通风散湿，防止高脚徒长苗，移栽前3～4d揭膜炼苗。

②肥水管理：毛豆在移栽定植前，在定植行间亩施45%硫酸钾复合肥15～20kg作基肥，一般在幼苗高20cm左右时，追施1次有机肥，以促进幼苗生长，每亩用有机肥100～150kg。开花初期每亩追施有机肥500～750kg，以满足开花结荚所需要的肥料。幼苗期少浇水，促进根部向土壤深层扩展。开花期、结荚期、灌浆期需保证充足的水分供给，地干即浇水，但也忌水分过多引起落花落荚，一般应保持田间最大持水量70%～80%为宜。

③防止徒长：毛豆植株发生徒长则会引起落花落荚和秕

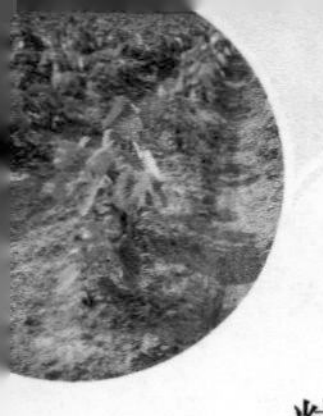

粒、秕荚增多，一般通过摘心或生化制剂可控制徒长。摘心通常在开花盛期和开花后期进行，将主蔓顶心摘去1～2cm即可。生化制剂控制通常在分枝末期至初花期，叶面喷施浓度为250mg/kg的多效唑溶液（即1g多效唑兑水4kg）。

④适时采收：6月上中旬，在豆荚尚保持绿色，而豆粒已饱满时开始采收。采完后将毛豆鲜秸秆砍倒进行芋头壅根培土。

第八章 芋头采后处理与加工技术

85. 芋头采后如何处理？

（1）适时收获。下霜前，芋叶开始变黄衰败、叶柄倒伏、根系枯萎，为最佳收获期。种芋应在充分成熟后，选择晴天采收（图8-1）。如收挖过早，导致芋头产量低且不耐储藏；收挖过晚，由于地上植株已腐烂，标记不明显，块茎、根状茎易被挖伤，导致染病烂种，同时由于进入初冬，霜冻出现，易造成冻伤。

图8-1 采挖芋头

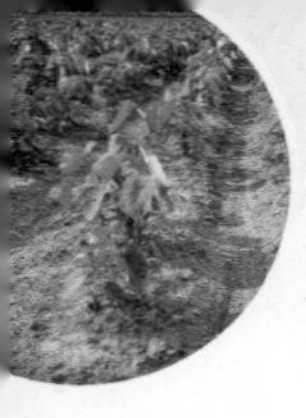

（2）采收方法。选择天气晴好、土壤干燥时收挖，在雨天或土壤潮湿时收挖的种芋含水量大、伤口愈合慢，容易感染病菌。采收时割除地上部，整株挖起，要做到轻挖、轻放、轻搬轻运，不要损伤表皮，要保护好顶芽。挖出的芋头首先应晾晒3～5d，以减少表皮水分，增强耐储性（图8-2）。

图8-2　芋头晾晒

（3）分类选择。选择单个芋重较大、大小均匀、表面光滑、无创伤、无病斑的芋头作为商品芋出售，剩余芋头可以作为种芋留种。将选好的芋头放在空地中摊开，再晾晒2～3d。

86. 芋头有商品分级标准吗?

将选好的商品芋表皮去沙去土去棕毛，拣出表皮破损、带病斑、外观畸形的劣质芋头（图8-3）。

图8-3　芋头分拣

按芋形和单位重量个数分为特级、一级、二级、三级。分级标准详见表8-1。将分级的芋头再晾晒2～3d，保证芋头表皮干燥。特级和一级芋头可以采用礼盒包装销售，二级和三级芋头在当地市场统销。

表8-1　商品芋分级标准

类别	特级	一级	二级	三级
单位重量个数（粒/500g）	9～11	12～15	16～20	20～25
整齐度（%）	90	85	80	80
芋形	椭圆形、长椭圆形、曲棍形			
芋肉颜色	白，乳白，乳黄			
破损率（%）	≤1.5%		≤3%	

87. 芋头有哪些加工技术？

芋头除了蒸煮食用以外，还可以经过简单保鲜和深加工，生产速冻芋头、芋头粉、芋头泥、芋头糖、芋头脆片、芋头酱、芋头丸、芋头凉粉等多种产品（图8-4）。现介绍几种芋头产品的加工方法。

去皮芋头丸

芋头粟米羹

秋葵芋头泥

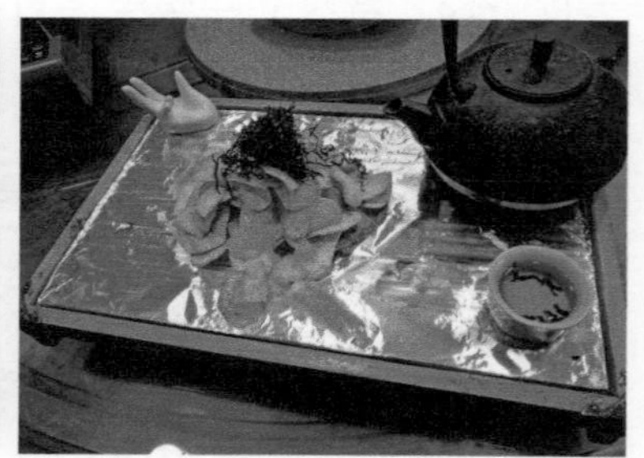

芋头脆片

图8-4 芋头加工产品

（1）去皮芋头丸。选取新鲜、色泽正常、无破损、无腐烂变质的芋头为加工原料，放在脱皮机上去皮，同时用水冲洗。也可手工去皮，去皮后仍用水冲。

将去皮芋头及时投入含有0.2%维生素C、0.2%柠檬酸、0.3%～0.5%亚硫酸氢钠配制而成的浸泡液中，浸泡5～10min，以达到护色、漂白、防腐的目的。

将浸泡后的芋头捞出，立即投入100℃的沸水中进行漂烫，时间30～40s。热烫后的芋头应迅速投入含有0.2%柠檬酸的冷水漂洗、冷却，然后投入清水中充分搅拌，以洗净芋头表面的残留药物。

处理后的芋头自然晾干或机械吹干，以芋头表面不再有光亮的水珠为准。将吹干的芋头稍加整理后，按形状、大小分级，用塑料袋或其他包装材料封闭即可。成品多数呈白色，部分有青绿的天然颜色。食之鲜美无异味，有柔软、滑腻、无粗纤维之感。

（2）芋泥。宜选择含淀粉多、个体大小均匀、皮薄的球茎。剔除有病斑、变质、不合格的芋头后，用清水洗净芋头表面的泥土，并去掉外皮。去皮方法多用摩擦去皮机，也可用碱液去皮法。摩擦去皮要求球茎均匀、圆形、无损伤；碱液去皮多用15%～25%氢氧化钠溶液，加热到50～70℃，放入球茎后迅速捞出，清水冲刷、人工搓洗，去掉表皮。

把去皮后的芋头，用切片机切成10mm厚的均匀薄片，并用清水洗涤，以除去片面上的淀粉等可溶性物质，防止蒸煮时糊锅。洗涤后用1%～2%亚硫酸氢钠溶液进行护色处理，然后放入55～60℃的水中蒸煮10～20min，随后用冷水冷却，再用98～100℃水煮15～35min捞出，用螺旋粉碎机粉碎成泥状。

将0.6%甘油单酸酯、食品色素与水混合均匀，加入芋泥中，另外加入0.4%磷酸盐和0.01%二氧化硫。将添加剂与芋泥混合均匀后，用滚筒式干制机烘干。干燥温度控制在158℃，时间15～40s，使芋泥含水量降到5%～6%。烘干时不宜剧烈搅动，以免破损芋头淀粉的细胞结构，变成糊状。从滚筒式干制机出来的芋泥被挤压成带状，按规格要求切成片状，然后用无毒塑料膜密封包装，即为成品。

（3）芋干。选择无病斑、圆形、大小均匀的芋头，洗净去皮，在80～100℃水中漂烫10～20min，切成条块或薄片状，再用0.3%～1.0%亚硫酸氢钠溶液处理2～3min。然后进行人工干燥，每平方米装载量3～6kg，层厚10～20mm，干燥后期温度不宜超过65℃，干燥时间5～8h，制成品含水量约7%。干燥后随即用无毒塑料膜包装。

参考文献

韩晓勇，宋婷婷，王立，等，2015. 靖江香沙芋组织培养快繁技术[J]. 江苏农业科学，43（1）：50-52.

杭玲，罗瑞鸿，苏国秀，等，2013. 荔浦芋组培技术及应用[J]. 中国蔬菜（5）：61.

王立，殷剑美，张培通，等，2016. 种芋原地越冬保存技术研究[J]. 中国蔬菜，11：33-37.

殷剑美，韩晓勇，王立，等，2015. 靖江香沙芋脱毒组培技术效应及种芋扩繁要点[J]. 江苏农业科学，43（8）：151-153.

殷剑美，韩晓勇，张培通，等，2013. 靖江香沙芋生长发育的动态特征[J]. 江苏农业科学，41（11）：154-156.

殷剑美，张培通，王立，等，2016. 芋头植株养分含量和积累动态分析[J]. 江苏农业科学，44（10）：200-204.

殷剑美，张培通，王立，等，2017. 芋头食味品质评价方法的建立与应用[J]. 长江蔬菜，24：28-30.

殷剑美，张培通，吴冬乾，等，2015. 黑地膜覆盖对芋头生长发育动态及产量效应分析[J]. 浙江农业科学，56（11）：1842-1844，1850.

张培通，肖宏儒，王安，等，2017. 两种芋头轻简栽培配套新型农机具及其使用要点[J]. 长江蔬菜，15：11-13.

附录1 多子芋栽培技术规程

1 范围

本标准对芋头栽培的田间管理、病虫害防治、收获及产品处理、留种等技术进行了规定。

本标准适用于江苏省苏中和苏南地区的多子芋高产高效栽培，其他地区也可参照执行。

2 规范性引用文件

下列文件对于本文件的应用是必不可少的。凡是注日期的引用文件，仅注日期的版本适用于本部分。凡是不注日期的引用文件，其最新版本（包括所有的修改单）适用于本部分。

GB/T 18407.1《无公害蔬菜产地环境要求》。

GB/T 8321《农药合理使用准则》。

NY/T 496《肥料合理使用准则　通则》。

3 生产条件要求

3.1 田块选择

选择土层深厚，土壤肥沃疏松，排灌方便，1年以上未种植芋头、马铃薯等根茎类作物的田块。

3.2 环境要求

应符合GB/T 18407.1的规定。

3.3 品种选择

选用适宜当地栽培的地方传统特色多子芋类型品种（各地区适宜的品种见表1），宜采用脱毒种芋。

表1 江苏省主要地方特色多子芋品种的适宜产区

品种	主产地区	适宜种植地区
靖江香沙芋	靖江市	靖江市地下水位较高的地区选用泰兴香荷芋
泰兴香荷芋	泰兴市	姜堰南部高沙土地区
如皋香堂芋	如皋市	如东县的沙土地区也可选用该品种
海门香沙芋	海门市	启东市东北部地区
金坛红香芋	常州市金坛区	常州市武进区及周边水网地区
新毛芋艿	太仓市	苏州市及周边水网地区

4 栽培技术

4.1 播前准备

4.1.1 冬前深翻晒土，耕深30cm左右。冻垡熟化土壤，杀菌灭卵。

4.1.2 播前20d左右每亩施充分腐熟的优质农家肥1 500kg左右，腐熟饼肥150kg左右，视土壤肥力另加三元复合肥（N15-P15-K15）30kg，不可使用氯化钾等含氯离子复合

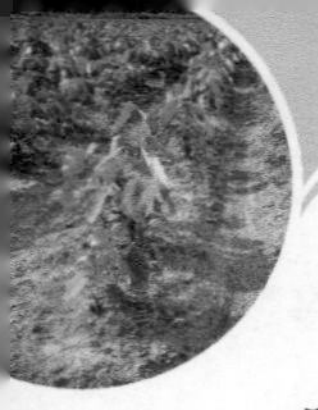

肥，肥料使用应符合NY/T 496的规定。

4.1.3　疏通沟系，排灌两便。

4.1.4　播种前10d做好畦，畦高10cm左右，畦面宽80cm左右，沟宽45cm左右。

4.2　种芋准备

选择无病斑、无破损、无冻害、球茎粗壮饱满、个体适中（30g左右）、顶芽充实的种芋，播种前利用晴好天气晾晒2d，用70%甲基硫菌灵可湿性粉剂或50%多菌灵可湿性粉剂500倍液加25%嘧菌酯悬浮液800倍液浸泡10min，晾干播种。

4.3　播种

4.3.1　3月下旬至4月上旬播种。如采用大棚种植，可提前到2月下旬播种。

4.3.2　一般采取大小行栽培，大行行距80cm左右，小行行距40cm左右，穴距30～33cm，种植密度3 300～3 700穴/亩。

4.3.3　宜采取开播种穴（或沟），每穴摆放1个种芋后覆土，要求芋顶芽上盖土厚度≥5cm。

4.3.4　播种后整畦覆盖黑色地膜，应平整紧密，及时培土密封膜边，防止地膜破损。

4.4　田间管理

4.4.1　种芋破土出芽时，及时破膜引苗，并将膜孔用土盖好。在全苗之前每天到田间查看，及时破膜，保证出苗率达90%以上。

4.4.2　防旱排涝要做到：干旱时采取窨灌方式灌溉，禁止大水漫灌。遇到涝渍及时排水；发棵期和膨大期要保持田间湿润，遇干旱时及时窨灌。

4.4.3　进入膨大期后揭去地膜，松土除草，结合铲边荷进行壅土，培成15cm左右的小高垄。

4.5　施肥

4.5.1　发棵肥。进入发棵期，视长势施三元复合肥（N15-P15-K15）15kg/亩左右，穴施。

4.5.2　膨大肥。进入膨大始期，结合壅土，每亩施充分腐熟饼肥100～150kg、不含氯离子的三元复合肥（N15-P15-K15）30～40kg。

5　病虫害防治

5.1　病害防治

江苏省芋头主产区主要病害有疫病和茎干腐病，宜在未发病或发病初期进行防治。

5.1.1　雨后田间湿度较大时，田间若尚未发病，宜用77%氢氧化铜可湿性粉剂800倍液喷雾保护；田间有零星植株叶片上出现疫病病斑时，宜采用25%嘧菌酯悬浮液1 000倍液或10%氟噻唑吡乙酮可分散油悬浮剂1 500倍液等喷雾防治。

5.1.2　若田间出现零星茎干腐病植株，宜采用50%甲基硫菌灵可湿性粉剂800倍液喷淋茎基部。

5.2　虫害防治

主要虫害有蛴螬、蚜虫、斜纹夜蛾等。蛴螬等地下害虫，采用灌水灭虫或毒饵诱杀；对于蚜虫、斜纹夜蛾等害虫，可以选用适宜的高效低毒、低残留农药喷雾防治，农药

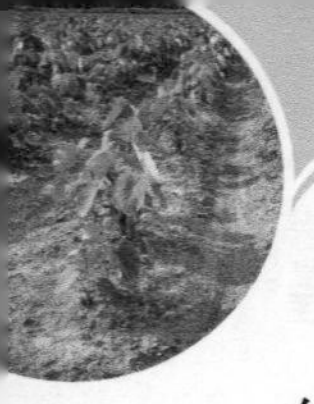

使用严格按照GB/T 8321《农药合理使用准则》执行。具体害虫适宜使用防治方法列于表2。

表2　芋头主要害虫防治方法

害虫	适宜使用农药	防治方法
蛴螬	不使用农药	选择晴天下午3时左右开始灌水，保持浅水层至次日早晨，然后晾田2～3d
蚜虫	吡虫啉	采用25%吡虫啉1 000倍液均匀喷雾
斜纹夜蛾	氯虫苯甲酰胺+菊酯类杀虫剂	20%氯虫苯甲酰胺悬浮剂1 500倍液+4.5%高效氯氰菊酯乳油1 000倍液喷雾，喷药时间应在傍晚或清晨

6　收获与储存

6.1　适时收获

芋头宜分批采收。10月下旬，芋叶变黄衰败，根系枯萎，为最佳收获期。如采用大棚种植，芋头采收期可持续到翌年2月底。

种芋应在10月底至11月上旬，芋叶黄枯、根系枯萎，充分成熟后，选择晴天采收。

6.2　采收方法

采收时割除地上部茎叶，整株挖起，清理田间残膜，晾晒2d左右，避免芋头破损。

宜采用机械采收，应先割除地上部茎叶，再用机械掘起芋头后，整盘摆放田间，同时清理田间残膜，晾晒2d左右，晾干表面水分后再收获。

6.3 收后储存

芋头越冬保鲜储存时，宜将整株芋头堆放在室内，用细沙或沙土埋藏越冬。储存量较多时，宜采用干燥储藏窖保鲜储存，储存窖顶部用细沙或干土覆盖。芋头越冬保鲜储存，应在翌年4月1日前终止保鲜储存。

7 做好田间档案记载

及时真实记载芋头种植期内的田间投入品使用、田间管理和农事操作情况。

附录2 芋头脱毒快繁技术规程

1 范围

本标准对芋头脱毒组培苗培育、脱毒种芋繁殖体系的大田管理和种芋采收、预处理、储存等采后环节的质量控制技术进行了规定。

本标准适用于江苏省地方特色芋头品种的脱毒种芋繁殖工作。

2 规范性引用文件

下列文件对于本文件的应用是必不可少的。凡是注日期的引用文件，仅注日期的版本适用于本部分。凡是不注日期的引用文件，其最新版本（包括所有的修改单）适用于本部分。

GB/T 18407.1《无公害蔬菜产地环境要求》。

GB/T 8321《农药合理使用准则》。

NY/T 496《肥料合理使用准则　通则》。

3 术语和定义

下列术语和定义适用于本文件。

3.1 脱毒原原种芋virus-free breeder seed taro

用组织培养方法对芋头进行脱毒，获得无病毒组培苗后，在防虫条件下种植获得的种芋。

3.2 脱毒原种芋virus-free foundation seed taro

由脱毒原原种芋在防虫条件下种植获得的种芋。

3.3 脱毒种芋virus-free seed taro

由脱毒原种芋在符合条件产地种植获得的种芋。

4 生产基础条件要求

4.1 环境要求

符合GB/T 18407.1的规定。

4.2 生产主体要求

符合《中华人民共和国种子法》和《农作物种子生产经营许可管理办法》规定的经营主体。

4.3 脱毒组培苗扩繁基地要求

组培室组成包括准备室、接种室、培养室。培养室规模应与脱毒核心种芋繁殖圃面积相匹配，按照每万株脱毒组培苗20m^{2}建设。脱毒种芋按照“三级扩繁”体系建设，脱毒原原种芋繁殖圃、脱毒原种芋繁殖田、脱毒种芋繁殖田面积比为1∶12∶200。

4.4 脱毒原原种芋繁殖基地要求

4.4.1 繁殖基地经营主体要求

需在专业化种芋生产单位进行，应具有防虫网棚内种植条件，由专业技术人员负责田间管理和去杂除劣操作等。

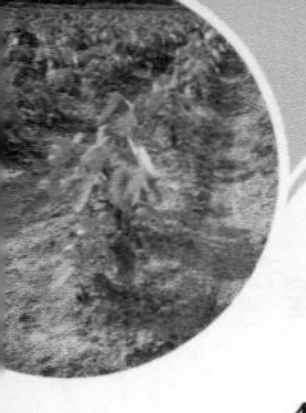

4.4.2　防虫网棚建设

防虫网选用40～60目优质尼龙纱网，棚内空间大（棚高2m以上，宽6～8m），结构稳定，利于田间作业，具有较强的抗风性。

4.4.3　繁殖田块要求

靠近水源，排灌方便；选择土层深厚、土壤肥沃的偏沙性壤土；未种植芋头及甘薯、马铃薯、山药等地下根茎类作物1年以上；田间灌排沟系配套，水利设施齐全，达到“旱能灌，涝能排”。

4.5　脱毒原种芋繁殖基地要求

4.5.1　繁殖基地经营主体要求

同本标准4.4.1条。

4.5.2　防虫网棚建设

同本标准4.4.2条。

4.5.3　繁殖田块要求

同本标准4.4.3条。

4.6　脱毒种芋繁殖基地要求

4.6.1　繁殖基地经营主体要求

同本标准4.2条。

4.6.2　繁殖田块要求

同本标准4.4.3条。

5　芋头脱毒组培苗培育

5.1　外植体培养和处理

以芋头茎尖为外植体。选取保存完好、无病斑的芋头，经质量比0.2%的高锰酸钾（$KMnO_4$）溶液灭菌处理5min，用灭菌后的细沙覆盖整个芋头的2/3处，放置于光照培养箱中促其萌发。当芽生长到1～3cm时切取茎尖，剥除茎尖外层2～3层叶片，流水冲洗10min，在超净工作台上用75%酒精浸泡30s，用3%次氯酸钠（NaClO）溶液消毒10～15min，无菌水漂洗5～7次。剥离茎尖外层叶鞘，在解剖镜下剥取0.4～0.8mm大小茎尖作为外植体。

5.2 愈伤组织诱导和组培苗芽形成

将剥取的外植体接种在MS培养基（Murashige and Skoog culture medium）+2，4-二氯苯氧乙酸（2，4-D）2.0mg/L的培养基中，在温度（25±2）℃、光照强度2 200lx左右的培养室内无菌培养50～60d，诱导形成愈伤组织。芋愈伤组织在上述培养基和培养条件下再经60d左右培养，分化出芽。

5.3 病毒鉴定

将组培苗芽切下，接种在MS+噻苯隆（TDZ）1mg/L的培养基中，长到两叶以上时（20d左右），取部分叶片利用酶联免疫分析（ELISA）法进行芋头花叶病毒（DMV）的检测。保留无病毒组培苗进行继代培养。

5.4 继代培养

将无病毒组培苗继续培养。当植株萌发出的不定芽达2cm时，切下不定芽接种在MS+TDZ 1mg/L的培养基中进行继代培养。一般连续继代培养不超过4次。

5.5 诱导生根

将高≥2.0cm、带有2片叶的健壮小苗分开，转入含

0.2‰活性炭的MS+萘乙酸（NAA）0.5mg/L+6-苄氨基嘌呤（6-BA）0.1mg/L培养基中进行培养，诱导生根，形成脱毒试管苗。试管苗培养30～40d（根长3～5cm）后，移栽田间扩繁脱毒原原种芋。

6 脱毒原原种芋繁殖

6.1 炼苗处理

最佳栽植时间为4月下旬至5月上旬。移栽前1周将脱毒试管苗置于常温环境中炼苗，避免阳光直射。移栽前1～2d打开瓶盖炼苗。

6.2 移栽种植

纵向筑畦作为苗床，畦高6～7cm，畦面宽1.0m，畦沟宽0.4m，每畦种2行。按行距50cm在苗床上开宽15cm、深10cm的移栽行沟，沟内填实酸碱度中性（pH值6.8～7.3，EC值1～2mS/cm）的常规蔬菜育苗基质，并浇透水。将炼苗后的试管苗洗净基部培养基，按株距30cm栽入移栽行沟。栽后喷水保湿，搭小拱棚并加盖遮阳网。移栽后的前2周每天早晚各浇水1次，第2周开始上午10时前和下午4时后打开遮阳网，第3周开始揭掉遮阳网。苗期保持棚内温度15～25℃，若温度过高时上午10时至下午4时盖遮阳网降温。注意勤浇水，保持基质含水量80%～90%。

6.3 病虫害控制

6.3.1 控制病害

每隔15d左右选择晴天使用符合GB/T 8321规定的广谱保护性杀菌剂喷雾。

6.3.2 防治害虫

主要害虫为蚜虫、斜纹夜蛾和蛴螬，使用符合GB/T 8321规定的适宜杀虫剂进行化学喷雾防治。具体防治农药见表1。

表1 芋头主要害虫防治方法

害虫	适宜使用农药	防治方法
蛴螬	不使用农药	选择晴天下午3时左右开始灌水，保持浅水层至次日清晨，然后晾田2～3d
蚜虫	吡虫啉	10%吡虫啉水分散粉剂1 000倍液喷雾
斜纹夜蛾	氯虫苯甲酰胺+菊酯类杀虫剂	采用20%氯虫苯甲酰胺悬浮剂1 500倍液+4.5%高效氯氰菊酯乳油1 000倍液均匀喷雾，喷药时间应在傍晚或清晨

6.4 苗床管理

6.4.1 控制温度

生长前期温度控制在25℃以下，后期温度控制在25～30℃。当温度≥30℃时，应覆盖遮阳网或喷水降温。

6.4.2 水分管理

晴天早晚可浇水各1次，阴天根据土壤温度、水分情况3～4d浇水1次，保证基质不过干或过湿，以植株不出现缺水症状为宜。

6.4.3 肥料管理

全生育期只施肥1次。于7月下旬按照净苗床施硫酸钾复合肥（N15-P15-K15）30kg/亩，或施用符合NY/T 496规定

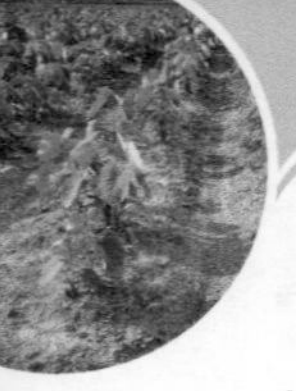

的氮磷钾等量的其他肥料（忌用含氯肥料）。

6.4.4 保留分株

全生育期不除边荷、不去分株。

6.5 收获保存

6.5.1 适时收获

11月上中旬收获为宜。收获前20d不浇水，保持土壤干爽。

6.5.2 种芋处理

收获芋盘，不掰下子孙芋，保持芋盘完整；清理芋盘上泥土，晾晒1～2d；用25%嘧菌酯悬浮液800倍液均匀喷雾，再晾晒1～2d；用干生石灰粉均匀包裹，入库保存。

6.5.3 越冬储存

将处理后的种芋盘摆放在仓库内，先铺1层稻草，然后摆1层种芋盘，再均匀撒1层生石灰干粉。如此摆放多层，堆高不宜超过1m。库内温度控制在5～8℃，相对湿度80%～90%，定期通风，保持仓库内清洁卫生。储藏期间及时剔除烂芋。

7 脱毒原种芋繁殖

7.1 整地作畦

冬前深耕晒垡，施入腐熟的农家肥2 000kg/亩左右，春季再次施腐熟的农家肥1 000kg/亩左右。播种前做好畦，畦高6～7cm，畦面宽0.8m左右，畦沟宽0.4m左右。

7.2 播种要求

7.2.1 4月上旬播种。

7.2.2 每畦2行，行距40cm，株距30cm，种植密度约3 400

株/亩左右。

7.2.3　开沟播种，播种沟深度10cm，种芋均匀摆放于沟内，及时覆土。覆土后全田均匀喷洒96%精异丙甲草胺乳油2 000倍液，并及时加盖黑地膜。黑地膜必须贴紧地面，四周用土封好。

7.3　播后管理

7.3.1　播种出苗期间土壤含水量在70% ~ 80%为宜。若遇长期干旱，要及时浇水。发芽后及时破膜引苗。

7.3.2　苗期保持田间土壤含水量不低于60%。

7.3.3　病虫害控制

病害防治方法同6.3.1款。

虫害防治方法同6.3.2款。

7.3.4　生长期管理

（1）水分管理：保持土壤含水量70%左右，干旱时及时浇水。7月在无有效降雨情况下，每隔5 ~ 7d灌水1次，要“沟灌窨水，夜灌晨排”，不大水漫灌，不能长期淹水。8月上旬以后，灌水次数可减少，土壤偏干应及时灌水，灌水方法同7月。

（2）施肥要求：当叶龄达到8 ~ 9叶时（一般在7月中旬），及时追肥。撒施菜籽饼60kg/亩左右+硫酸钾复合肥（N15-P15-K15）30kg/亩左右，或施用符合NY/T 496《肥料合理使用准则　通则》规定的相等氮磷钾施用量的其他肥料。

（3）壅根培土：7月中下旬进行壅根培土。挖取畦间沟内泥土，培于芋头行上，壅土高度≥10cm。

（4）全生育期不要去除分株。

7.4 收获保存

同本标准6.5款。

8 脱毒种芋扩繁

利用脱毒原种芋在大田进行扩繁，生产管理、保存方法同本标准第7款。

附录3 多子芋大棚高效种植技术规程

1 范围

本标准规定了芋头大棚栽培的术语和定义、生产条件要求、栽培技术、病虫害防治、收获与储存、田间档案记载等。

本标准适用于江苏省多子芋大棚高效种植，其他地区参照执行。

2 规范性引用文件

下列文件对于本文件的应用是必不可少的。凡是注日期的引用文件，仅注日期的版本适用于本文件。凡是不注日期的引用文件，其最新版本（包括所有的修改单）适用于本文件。

NY/T 391—2013《绿色食品　产地环境质量》。

GB/T 8321《农药合理使用准则》。

NY/T 496《肥料合理使用准则　通则》。

3 术语和定义

下列术语和定义适用于本文件。

3.1 发棵期plant growing period

幼苗开始生长到地下球茎膨大前的时期。

3.2 膨大期tuber expansion period

芋头地下球茎开始膨大到成熟前的时期。

4 生产条件要求

4.1 田块选择

选择地势较高，土层深厚，土壤肥沃疏松，灌排沟系配套，1年以上未种植芋头、马铃薯、甘薯、山药等薯芋类作物的田块。

4.2 环境要求

应符合NY/T 391—2013的规定。

4.3 设施要求

大棚长度60～100m，跨度6～8m，肩高1.5～1.8m，结构稳定，抗风性较强；棚内有喷滴灌系统，覆盖25～40目防虫网和优质棚膜，两侧棚膜可卷起。

4.4 品种选择

选用适宜当地栽培的地方传统特色多子芋品种（各地区适宜品种见表1），宜采用脱毒种芋。

表1 江苏省主要地方特色多子芋品种的适宜种植地区

品种	适宜种植地区
靖江香沙芋	靖江市
泰兴香荷芋	泰兴市及姜堰南部高沙土地区
如皋香堂芋	如皋市及如东县沙土地区

（续表）

品种	适宜种植地区
海门香沙芋	海门区及启东市东北部地区
建昌红香芋	金坛区、武进区及周边水网地区
新毛芋艿	太仓市及周边水网地区

5 栽培技术

5.1 播前准备

5.1.1 深耕冻垡

冬前深翻晒土，耕深30cm左右；冻垡熟化土壤。

5.1.2 施足基肥

冬季耕翻后施肥，每亩施腐熟农家肥2 000 ~ 3 000kg，或牛羊厩肥1 000 ~ 2 000kg，另加腐熟饼肥100 ~ 150kg；或根据土壤肥力，每亩施（N15-P15-K15）三元复合肥30 ~ 50kg。肥料使用应符合NY/T 496的规定，不可使用氯化钾等含氯离子复合肥。

5.1.3 整地作垄

播种前10d整地作垄，垄高20cm左右，垄面宽80cm左右，沟宽40cm左右。

5.1.4 疏通沟系

疏通大棚内外沟系，排灌两便，防止雨水倒灌。

5.2 种芋准备

选择无病斑、无破损、无冻害、球茎粗壮饱满、个体适

中（30～40g）、顶芽充实的种芋，播种前晴天晾晒2d，用70%甲基硫菌灵可湿性粉剂500倍液加25%嘧菌酯悬浮液800倍液浸泡8～10min，晾干。

5.3 播种

5.3.1 适期播种

苏南地区1月中下旬至2月上旬播种，苏中地区1月下旬至2月中下旬播种，苏北地区可在3月上旬播种。

5.3.2 合理密植

采取大小行栽培，大行行距80cm左右，小行行距40cm左右，株距30～40cm，种植密度2 500～3 600株/亩。

5.3.3 播种盖膜

垄面开播种穴，穴深10cm左右，每穴摆放1个种芋，种芋平放或顶芽朝上；播种后覆土，芽顶覆土厚度10～15cm。行间播种安全苗备用。全田均匀喷洒96%精异丙甲草胺乳油1 200倍液封闭。垄面覆盖黑色地膜，地膜厚度0.01mm左右，建议使用生物降解地膜。地膜应平整紧密，培土封边。大棚覆盖棚膜，密闭保温。

5.4 田间管理

5.4.1 破膜放苗

种芋破土出芽时，应及时破膜放苗，并将膜孔用土盖好。全苗之前每天查看，及时放苗。缺棵处补栽安全苗，保证正常密度。

5.4.2 保温控湿措施

（1）出苗前：大棚密闭保温，棚内温度保持在8～15℃。

（2）发棵期：棚内温度保持在15℃左右，白天开门通风换气，夜间保持密闭。

（3）进入膨大始期：当室外气温高于25℃时，卷起大棚两侧棚膜，开门通风。

（4）当室外气温高于35℃、阳光照射强烈时，除通风换气外，大棚外应覆盖遮阳网，防止叶片灼伤。

（5）种芋收获期：放下大棚两侧棚膜，棚内温度保持在15℃左右，白天开门通风换气，夜间密闭。

5.4.3　防旱排涝措施

（1）发棵期和膨大期要保持田间湿润，见干见湿，干旱时及时浇水，不宜大水漫灌。

（2）气温高于35℃时，灌水时间宜安排在下午5时以后至午夜，喷滴灌或沟灌窨水，夜灌晨排，不长期淹水。

（3）成熟期应减少浇水次数，保持土壤干爽；芋头采收前10～15d停止灌水。

5.4.4　壅土除边荷

膨大期揭去地膜，松土除草，结合铲边荷进行根周培土，培土厚度10～15cm。

5.5　田间施肥

5.5.1　发棵肥

发棵期根据长势，每亩可施（N15-P15-K15）三元复合肥10～20kg，株间穴施。

5.5.2　膨大肥

膨大始期结合壅土，每亩宜施充分腐熟饼肥100～150kg，另加（N15-P15-K15）三元复合肥25kg左右，株间

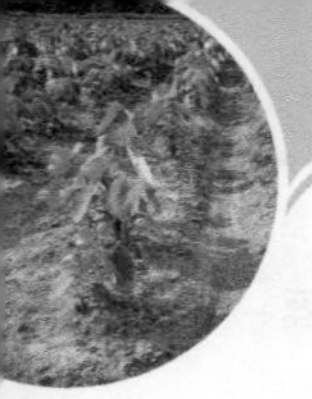

穴施。

5.5.3 叶面肥

膨大后期每亩在叶面喷施0.2%磷酸二氢钾。

6 病虫害防治

6.1 病害防治

常见病害为疫病和茎干腐病，宜在未发病或发病初期进行防治。

6.1.1 疫病防治

田间湿度80%以上但未见发病时，可用77%氢氧化铜可湿性粉剂800倍液喷雾；零星出现疫病病斑时，采用25%嘧菌酯悬浮液1 000倍液或10%氟噻唑吡乙酮可分散油悬浮剂1 500倍液喷雾。

6.1.2 茎干腐病防治

田间零星发病时，立即用50%多菌灵可湿性粉剂600倍液喷淋根周；发病较多时将病株铲除，远离大棚深埋或销毁。

6.2 虫害防治

主要害虫有叶螨、斜纹夜蛾、蚜虫、蛴螬等。对于叶螨、斜纹夜蛾、蚜虫等害虫，可选用适宜的高效低毒、低残留农药喷雾防治，农药使用严格按照GB/T 8321农药合理使用准则执行，推荐使用性诱剂、黄板、蓝板等物理防治措施；蛴螬等地下害虫，采用灌水灭虫。具体虫害防治方法见表2。

表2 芋头主要虫害防治方法

害虫	适宜使用农药	防治方法
叶螨	炔螨特	采用73%炔螨特乳油2 000倍液均匀喷雾
斜纹夜蛾	氯虫苯甲酰胺+菊酯类杀虫剂	采用20%氯虫苯甲酰胺悬浮剂1 500倍液+4.5%高效氯氰菊酯1 000倍液均匀喷雾，喷药时间宜在傍晚或清晨
蚜虫	吡虫啉	采用10%吡虫啉水分散粒剂1 000倍液均匀喷雾
蛴螬	不使用农药	晴天下午5时左右开始灌水，保持浅水层至次日清晨，排水后晾田2～3d

7 收获与储存

7.1 适时收获

一般在8月初至9月上中旬收获，宜分批采收，即收即售；最迟可持续到翌年2月底。

种芋宜在10月底至11月上旬，芋叶黄枯、芋头充分成熟时，晴天采收。

7.2 采收方法

采收时割除地上部茎叶，整株挖起，避免芋头破损，晾晒2d左右。

7.3 种芋储存

种芋越冬储存时，宜将整盘芋头堆放在室内，用细沙或干沙土埋藏越冬；储存量较多时，宜采用干燥储藏窖保鲜储存，

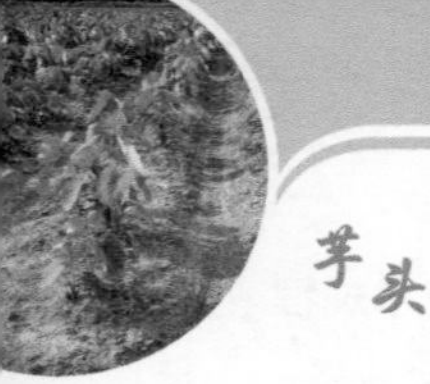

种堆顶部用细沙或干沙土覆盖。种芋储存期截至翌年清明前。

8 田间档案记载

及时记载芋头种植期内的田间投入品使用、田间管理和农事操作情况，生产记录保存两年以上。